有机化合物的荧光和磷光
——新概念、新理论、新发现

高希存　著

科学出版社

北京

内 容 简 介

分子轨道理论和雅布隆斯基能级图（MOJab）难以回答导致分子发光的电子来源于哪里；如何返回基态；磷光与荧光的本质区别是什么；光致磷光的效率一般比光致荧光低，为什么电致磷光的效率就比电致荧光效率高；高温如何猝灭磷光；氧气如何猝灭磷光等关键科学问题。

本书对有机发光的机制提出了 π-BET 理论：有机物吸收能量发生 π 键异裂，接着发生两次主要为分子间的给体到受体的电子转移。电子处于同一杂化轨道，则不伴随自旋轨道耦合产生荧光；若为不同杂化轨道，则伴随自旋轨道耦合产生磷光。根据 π-BET 理论，磷光的发生完全符合角动量守恒原理和泡利不相容原理。其可以解释斯托克斯位移、卡莎规则、光谱镜像原理、氧气猝灭磷光机制、低温有利磷光机制、浓度猝灭、重原子效应、发射波长大于激发波长、迟滞荧光、聚集诱导发光、电致磷光比电致荧光效率高、稀土配合物的电致磷光效率低等重要实验现象，并导出了"轨道自旋角动量"这一新概念。π-BET 理论可以让科学家从分子结构入手来分析发光机制。作者还对原子结构的修正和光的本质以及氧气的结构和反应做了探索性研究。

本书适合有机发光领域的科研工作者及科学爱好者阅读。

图书在版编目（CIP）数据

有机化合物的荧光和磷光：新概念、新理论、新发现 / 高希存著.
—北京：科学出版社，2024.1
ISBN 978-7-03-076511-6

Ⅰ.①有… Ⅱ.①高… Ⅲ.①有机化合物–光化学–研究　Ⅳ.①O644.1

中国国家版本馆 CIP 数据核字（2023）第 189593 号

责任编辑：霍志国 / 责任校对：杜子昂
责任印制：赵 博 / 封面设计：东方人华

科学出版社 出版
北京东黄城根北街 16 号
邮政编码：100717
http://www.sciencep.com
北京建宏印刷有限公司印刷

科学出版社发行　各地新华书店经销

*

2024 年 1 月第 一 版　开本：720×1000　1/16
2025 年 1 月第二次印刷　印张：13 1/4
字数：265 000
定价：150.00 元
（如有印装质量问题，我社负责调换）

自　序

本书的科学发现起始于 2013 年初的偶然实验发现。本书的写作起始于 2016 年。当年在撰写前面几章后，发现还需要更多实验验证，遂中止写作继续埋头实验。从 2013 年算起至今已超过十年，对于亲历这一旅程的作者来说，"十年"这个时间段确实太漫长了。但如果十年时间能发现并验证一种切合实际的新理论，能解释几乎所有发光现象和用于发光机理研究，设计开发新材料并应用到其他领域的科学实验中，那么所有这一切都是值得的！

科学研究最重要的是创新。创新受多种因素制约。勤奋多著并不一定必然触发创新。自然界运作有其规律，重大科学发现有时需要凭借经验积累之上的偶然，此类例子诸如：伦琴的 X 射线、塞曼效应、激光、青霉素、牛痘疫苗、DNA 的双螺旋结构。而当创新的苗头出现时能紧紧抓住、孜孜不倦、持之以恒、默默地发展完善原始发现更显珍贵。当揭开伟大创新的美丽面纱哪怕一个小角时，要抑制住激动之情，继续冷静地欣赏、批判、质疑并刻意放慢节奏来进一步提高、完善、升华和凝练。

作者 26 年前开始研究有机发光时，对传统发光机理似懂非懂。到 21 世纪初电致磷光有关文献开始发表的时候，又对电致磷光的解释感到困惑。终于在 2013 年在双咔唑蒽醌的研究中发展出室温磷光的新机理。经过十年来不断地完善，今天得以通过著书的形式发表，因为普通期刊论文的篇幅不足以详细阐述一种新理论。限于时间、水平，书中难免有不足之处，诚挚希望收到您的批评、建议或者感想，来信请发至 532373222@qq.com。

感谢上海大学魏斌教授在器件组装、测试方面的帮助与合作，感谢浙江大学陈红征教授的帮助与合作，感谢北京大学邹德春教授与我的有益讨论和合作。

感谢何彦波同学合成了双咔唑蒽醌，感谢陈怡同学对双咔唑蒽醌进行了初步测试，感谢吴志平同学发现了苯二酐变体的发光及所做的大量合成工作，感谢叶益腾同学所做的大量合成工作。

感谢国家自然科学基金（编号：60868001、61665009）和"863"子课题（编号：2008AA03A331）的资助。

感谢南昌大学和北部湾大学启动经费的资助。

感谢上海有集材料有限公司的赞助。

最后，我还要深深地感谢我的博士生导师黄春辉院士把我引入了"有机电致发光"这一融合了化学和物理学诸多学科的极具挑战性的研究领域。

高希存

2023 年 7 月完稿于上海

前　　言

　　光是宇宙中最神秘的物质，也是人类肉眼所能见到的唯一的出自微观世界的物质。因此可以说，光是人类认识微观世界的媒介。因为光照亮了世界，也通过光合作用促进植物生长，为地球上的生物提供食物来源和氧气，因此，光是对人类最重要的物质之一。

　　科技发展到今天，人类对于宏观世界运行的基本规律已基本掌握。而微观世界，由于肉眼无法直接观察，还有很多未解之谜。正是由于光出自微观世界，人类对光的理解还远远不够。例如火光，虽然人类很早就掌握了制造火的方法——从钻燧取火到闪电取火再到今天随便一个打火机或者火柴都可以取火。但是火光这种自古以来就有的既普通又熟悉的现象，其发光原理还没有真正完全被掌握。总之，目前就光的本质而言，仍然缺乏确定的认知和清晰的物理图象。

　　当有机物吸收一定的能量——这种能量形式可以是紫外–可见光，也可以是电能、摩擦能、等离子体能、放射线等，有机物就会发出比吸收的能量低的荧光或者磷光。一般而言，磷光持续时间更长。荧光和磷光，可以被用于染料、发光材料、生物标记和探针、光电功能器件等。

　　然而，对于有机发光的机理解释一直停留在 20 世纪初的分子轨道理论（molecular orbital theory）和雅布隆斯基（Jabloński）的能级图上，本书简称其 MOJab 理论。MOJab 理论用有机分子内电子在不同能级上的激发和跃迁来解释有机物对能量的吸收和光发射。然而，MOJab 却无法回答该电子从何处来又如何回去的问题。因为有机化合物中都是具有饱和性的共价键，没有自由电子，若要有电子被激发，必须先打开现有的共价键。否则，激发光与有机物之间没有作用。但百年来，却从来没有明确共价键是否被打开和电子来源与如何返回这些关键问题。MOJab 理论还有一大劣势就是仅仅用能级解释发光机理，而不将分子结构和能级统一起来，这对化学家来说就显得非常不自然，因为化学家对分子结构更加敏感，使用起来也更加得心应手。因此一旦涉及共价键打开的问题，那么化学就有了更大的用武之地——让有机光化学归于化学。但化学与物理密不可分。深入的化学研究必然需要深刻的物理知识，因为要深入原子结构层次，涉及电子的运动规律。卢瑟福是著名的物理学家，但他却因为研究放射性是原子的自然衰变而获得 1908 年诺贝尔化学奖。之后，又提出了原子核的行星模型，为奠定现代化学基础做出了巨大贡献。

　　作者自 1996 年夏进入北京大学攻读博士学位便开始了对有机发光的研究,中间虽因工作转换而中断几个月,但至今总体研究时间超过了 26 年。2013 年初,在研究蒽醌类有机分子时,偶然性地发现了纯有机物的室温磷光和单分子白光现象。之后,有机发光机理的研究一直激励着作者十年来孜孜不倦地进行深入而系统的理论探讨和实验证实。最终发现,π-BET(π-bond breaking and electron transfer,π 键断裂和电子转移)理论可以完美地解释几乎所有类型有机物的发光现象和著名规律,例如荧光和磷光寿命、斯托克斯位移、氧气猝灭、温度猝灭、浓度猝灭、重原子效应、电致磷光效率等。

　　一种理论要被大家接受就必须有效且逻辑清晰自洽并被实验证实。实践是检验真理的唯一标准!目前 π-BET 理论还没有发现自相矛盾的地方和难以解释的问题。关键是 π-BET 理论可以让化学家从分子结构入手,给出与发光相伴随的电子转移的清晰图象——而不是过于简单化的能级图和过于复杂而抽象的数学运算。希望本书可以给大家一些帮助。当然,也诚恳希望大家讨论并批评指正。

作　者

2023 年 7 月

目　　录

第 1 章　光 的 简 述

1.1　光的研究历史

光是宇宙中最神秘的物质，光还是人类肉眼所能见的唯一出自微观世界的物质，光也是对人类最重要的物质之一。

人类睁开眼睛所见皆拜光所赐。没有光，就没有植物的光合作用，就没有植物；没有植物，动物也就没有粮食，也就没有动物界，动物界当然也包括人类。

科学发展到今天，对于时时刻刻所见的光，它的精确含义和产生机制，仍然没有完全了解。

古代中国和西方世界对光有初步的实验研究，称为"几何光学"。例如阳燧铜镜聚光取火、冰透镜取火、小孔成像、光的折射和反射。1609 年，现代实验科学先驱伽利略制造出了望远镜。

而对于光到底是什么，也就是光的本质的认识，科学而系统的研究为牛顿所开创。牛顿通过将家里的房子改成暗室让阳光透过小孔照射到三棱镜上，观察到了"彩虹"（七色光）。微粒说把光描绘成从发光物体发射出来的、做高速运动的一种非常细小的粒子。微粒说可以很好地解释光在均匀介质中直线传播与光在界面上的反射。

1690 年，荷兰物理学家惠更斯在其《光论》中利用光的波动说推导出光的反射和折射定律，圆满地解释了光速在光密介质中减小的原因，同时解释了光进入冰洲石时所产生的双折射现象。牛顿则坚持光的微粒说，在 1704 年出版的《光学》中提出，发光物体发射出以直线运动的微粒子，微粒子流冲击视网膜就引起视觉，这也能解释光的折射与反射，甚至经过修改也能解释格里马尔迪发现的"衍射"现象。

19 世纪，英国物理学家麦克斯韦引入位移电流的概念，总结了一系列电学和磁学实验，建立了电磁学的基本方程。通过证明电磁波在真空中的传播速度等于光在真空中的传播速度，从而推导出光和电磁波在本质上是相同的，即光是一定波长的电磁波。

1887 年，赫兹用实验证明了麦克斯韦的电磁波。赫兹在气体放电实验中发现，如果用紫外光照射在相对放置的两个电极中的一个电极上，将加速两电极之间的放电。莱纳德用紫外光照射阴极表面，引起了电子辐射。这就是光电效应。莱纳德也因此获得1905年诺贝尔物理学奖。

1900年，普朗克提出辐射的量子理论。他认为各种频率的电磁波，包括光，只能以各自确定分量的能量从振子射出，这种能量微粒称为量子。而光量子则被称为"光子"。

1905年，爱因斯坦运用量子理论解释了光电效应。从此确立了光的波粒二象性。1913年，玻尔把原子辐射与光子说联系起来，提出了原子结构的量子化模型。1924年，德布罗意提出电子、质子等微观粒子也具有波粒二象性。许多科学家都致力于寻找波粒二象性的阐释，但很难得到与实验相符的说法。后来，玻恩提出了统计解释，使波动性与粒子性和谐地统一，并与实验相符。

图1.1为光的研究的三个典型阶段的示意图。

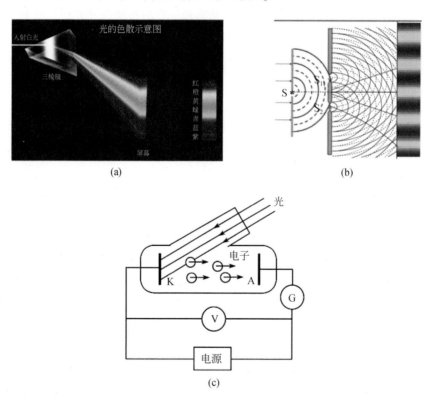

图1.1　光的色散（a）、托马斯·杨的双缝干涉实验（b）和光电效应实验（c），
代表了光的研究的三个典型阶段

1.2　光的能量和频率

光子具有能量，单个光子的能量可由公式 $E = h\nu$ 来计算。光子具有动量，可以用 $p = h\nu / c$ 来计算。现在，计算波长为 365nm 的紫外光所具有的能量：根据 $E = h\nu$，有 $E = h\nu = hc/\lambda = \dfrac{6.62 \times 10^{-34}\text{J} \cdot \text{s} \times 3 \times 10^{8}\text{m/s}}{365 \times 10^{-9}\text{m}} = 5.44 \times 10^{-19}\text{J} = 1.30 \times 10^{-22}\text{kcal}$。

那么，1 摩尔光子，也就是 6.02×10^{23} 个光子所具有的能量就是 78.26kcal/mol。

紫外–可见光的波长在 200 ~ 750nm。

图 1.2 为各种电磁波谱。

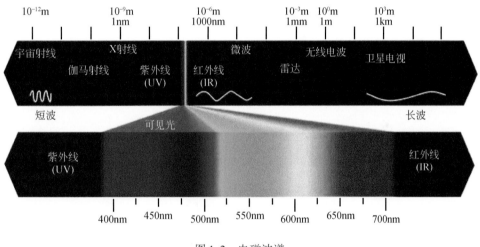

图 1.2　电磁波谱

1.3　光的传播和偏振

直观看来太阳光是"坐超快的宇宙飞船"，也就是直线到达地球的，但实际上太阳光是在 360° 无死角的各个不同的平面上振动着向各个方向传播的。也就是说，往光源的方向看去，在任何一个平面上，都能找到振动着的电场分量和磁场分量，而每一个分量都和传播方向垂直。磁场分量、电场分量和传播方向相互垂直，构成一个直角坐标系。而如果在光的前进方向上放置一个电气石制的棱镜后，只有和棱镜的晶轴平行振动的射线才能全部通过，通过的光称为平面偏光。偏振光既有电场分量，也有磁场分量。

　　如果光矢量始终沿某一方向振动，这样的光就称为线偏振光。我们把光的振动方向和传播方向组成的平面称为振动面。由于线偏振光的光矢量保持在固定的振动面内，所以线偏振光又称为平面偏振光。

　　旋转光矢量端点描出圆轨迹的光为圆偏振光。圆偏振光是一种特殊的偏振光，其光矢量围绕传播方向旋转，光矢量的末端的轨迹为一个垂直于光线的圆。根据光矢量的旋转方向，圆偏振光可分为左旋偏振光和右旋偏振光。

　　图1.3为自然光、光的传播和偏振光的产生的示意。

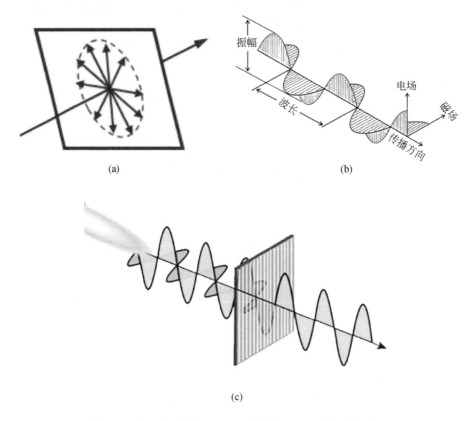

图1.3　　（a）自然光；（b）光的传播；（c）偏振光的产生

第 2 章　与有机发光相关的物理学基础

2.1　引　　言

鉴于有机化合物是通过共价键把原子结合在一起，而共价键就是两个原子各出一个电子组成，因而我们要研究发光，就必须对电子的本质、运动、特性等物理学特征以及原子结构有些基本的了解。也就是说，要有基本的物理学基础，才能深入研究光物理和光化学。

2.2　动量和动量守恒定律

2.2.1　动量

牛顿在《自然哲学的数学原理》中是这样表述牛顿第二定律的：

运动被定义为物体的质量和速度的矢量积，这个乘积也叫动量，即

$$\boldsymbol{p} = m\boldsymbol{v} \tag{2.1}$$

运动的变化与所加的动力成正比，并且发生在力所沿直线的方向上。

$$\frac{\mathrm{d}\boldsymbol{p}}{\mathrm{d}t} = \boldsymbol{F} \tag{2.2}$$

式（2.2）无论对宏观和微观粒子都适用。总之，动量指的是质点在它运动方向上保持运动的趋势。

2.2.2　动量守恒定律

动量是一个守恒量，封闭系统内动量的总和不变。如果一个系统不受外力或所受外力的矢量和为零，那么这个系统的总动量保持不变，这个结论叫做动量守恒定律。动量守恒定律是自然界最重要最普遍的守恒定律之一，既适用于宏观物体，也适用于微观粒子；既适用于低速运动物体，也适用于高速运动物体。

2.3 能量和能量守恒定律

要明确能量的定义，首先要明确温度、热量、功、内能等概念。

温度是表示物体冷热程度的物理量，微观上是物体分子或原子热运动的剧烈程度的量度。

热量是通过相互作用，在热力学系统与外界之间依靠温差传递的能量。例如一杯水，可以通过加热，用传递热量的方法，使这杯水从某一温度升高到另一温度，也可以用搅拌做功的方法，使它升高到同一温度。前者是通过热量传递的方式，后者是通过外界做功来完成。但前者是使水分子振动，热量传递更有效；后者如果是普通机械搅拌，更多地产生水分子平动，效率差。现代发明的电器微波炉的原理是使分子振动，热量传递非常有效。

在力学中，物体在力 F 的作用下发生一无限小的位移 dr（元位移）时，此力对它做的功的定义为，力在位移方向上的投影环和此元位移大小的乘积，以 dA 表示元功，$dA = F \cdot dr$。功是标量，定义就是力与位移的点积。功通常用 J（焦耳）作单位，热量用 cal（卡）作单位。外力对物体做功的结果会使物体的状态变化。在做功的过程中，外界与物体之间有能量的交换，从而改变了它们的机械能。在热力学中，功的概念比较广泛，除机械功外，还有电磁功等。

对一系统做功将使系统的能量增加，又根据做功和热传递对改变物体内能的等效性，可知对系统传递热量也将使系统的能量增加。由此看来，热力学系统在一定状态下，应具有一定的能量，叫做热力学系统的内能。

能量是物质所具有的基本属性之一。可以用来表征物理系统做功的本领。它是动能、势能和内能的总量，其形式可以是机械能、化学能、热能、电能、辐射能、核能、光能、潮汐能等。

爱因斯坦发表质能关系式 $E = mc^2$ 后，能量又可表述为质量的时空分布可能变化程度的度量。

能量守恒定律源于十六七世纪西欧的哲学思想。日常生活中观察到的运动物体，例如流星、下落的石子、马车总有不动的时候，那么整个宇宙会不会总有一天停下来？但是，基于千百年来人们肉眼的观测和推理，并没有发现宇宙运动有减弱的迹象，因而那时的哲学家们认为，宇宙间运动的总量不会减少，只要能找到一个合适的物理量来度量运动。接着，牛顿在法国哲学家兼数学家、物理学家笛卡儿和荷兰数学家兼物理学家惠更斯成果的基础上提出了牛顿运动定律。能量守恒定律也可从牛顿第三定律和动量定理推导出来。

迈尔在 1842 年提出了机械能和热量的相互转换原理。焦耳于 1840～1848 年所做的一系列实验是热力学第一定律也就是能量守恒和转化定律的实验基础。1847 年亥姆霍兹根据力学定律全面论述了机械运动、热运动和电磁运动中力的相互转换和守恒的规律等。

能量守恒定律的一般表述为能量既不能凭空产生，也不会凭空消失，它只会从一种形式转化成另一种形式，或者从一个物体转移到另一个物体，而能量的总量保持不变。也可以表述为：一个系统的总能量的改变只等于传入或者传出该系统的能量的多少。总能量为系统的机械能、热能及除热能以外的任何内能形式的总和。如果一个系统处于孤立环境，则不可能有能量或质量传入或传出系统，也就是说，孤立系统的总能量保持不变。

2.4　角动量和角动量守恒定律

2.4.1　角动量

在自然界中经常遇到质点围绕着一定的中心运转的情况，例如地球绕太阳公转、地球自转、陀螺的转动、电子绕原子核的旋转和自旋等。以质量为 m 的质点所做的圆周运动为例，引入角动量的概念。设圆的半径为 r，则质点对圆心的位矢 r 的量值便是 r，质点的速度是 v，方向是沿着圆的切线方向。质点的动量 $p=mv$ 处处与它的位矢 r 相垂直。我们把质点的动量 p 与位矢 r 的矢积称为角动量。

$$L=r\times p \tag{2.3}$$

要注意的是角动量的方向问题。质点绕圆周运动的角动量方向垂直于位矢 r 和动量 p 组成的平面，指向是由 r 经小于 180° 转到 p 的方向的右手螺旋前进的方向，如图 2.1 所示。

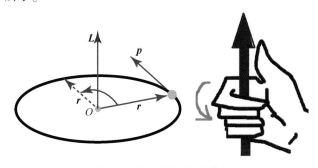

图 2.1　角动量方向的确定

例如陀螺的运动，具有自旋角动量。从上往下看如果陀螺运动的方向是逆时针的，那么自旋角动量的方向其实就是旋转轴的向上方向。

2.4.2　角动量守恒定律

把角动量的定义中的公式对时间微分，可以得到：

$$\frac{\mathrm{d}\boldsymbol{L}}{\mathrm{d}t} = \frac{\mathrm{d}}{\mathrm{d}t}(\boldsymbol{r} \times \boldsymbol{p}) = \frac{\mathrm{d}\boldsymbol{r}}{\mathrm{d}t} \times \boldsymbol{p} + \boldsymbol{r} \times \frac{\mathrm{d}\boldsymbol{p}}{\mathrm{d}t} = \boldsymbol{r} \times \frac{\mathrm{d}\boldsymbol{p}}{\mathrm{d}t} = \boldsymbol{r} \times \boldsymbol{F} \tag{2.4}$$

式中，$\boldsymbol{r} \times \boldsymbol{F}$ 是力矩的定义，因此在外力矩 $\boldsymbol{r} \times \boldsymbol{F}$ 的作用下，质点的角动量将随着时间而变化。如果作用在质点上的外力对某给定点 O 的力矩（$\boldsymbol{r} \times \boldsymbol{F}$）为零，则质点对 O 的角动量在运动过程中保持不变。这就是角动量守恒定律。

虽然数学公式枯燥乏味，但日常生活中的例子却让我们兴趣盎然。直升机和陀螺的例子可以用来进一步说明角动量和角动量守恒定律。

直升机主要由旋翼和尾桨等组成。旋翼是平行于地面的。当旋翼逆时针转动时，产生一个向上的垂直地面的角动量，遵循角动量守恒定律，系统必须同样产生一个垂直地面的向下的角动量，以抵抗旋翼产生的这一向上的角动量，使得角动量守恒。这样一来，必然导致机身顺时针旋转。这是不需要的，必须阻止机身反向旋转。在机尾垂直于地面方向安装有一个尾桨，当尾桨逆时针旋转时，就会产生平行于地面的角动量。这样原来静止、角动量为零的直升机就有了一个平行于地面的角动量变量。根据式（2.4），这一变量将产生一个力矩。这个力矩的方向和尾桨的角动量方向是一致的，正是这一力矩将阻止机身反向旋转。由于直升机尾巴较长，力臂较大，因此尾桨只需要较小的功率即可平衡机身的转动（图2.2）。

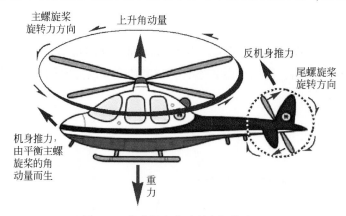

图 2.2　直升机中角动量守恒的应用

下面再来介绍陀螺的进动。

一个自转的物体受外力作用导致其自转轴绕某一中心旋转，这种现象称为进动。

日常生活中的普通陀螺在旋转的时候，由于旋转轴是垂直于地面的，也就是说，和重力的方向是平行的，所以不会产生进动。地球的自转是进动，但普通肉眼是观测不到的。要仔细操作陀螺的旋转使其有一定程度的倾斜，然后仔细观察和深入思考才能研究进动现象。作者以前在刚开始学习大学物理时，也有这种错觉，以为小时候在冰上玩的陀螺不但自己原地转，有时候也会在冰上漂移，以为一边自转一边漂移就是进动，这就是望文生义了，会有误解。其实，陀螺的漂移，是干扰力矩比如地面摩擦力和陀螺本身质量不均匀的结果，与进动没有关系。

当陀螺的旋转轴与重力不相互垂直而有一定角度时，就会产生进动。

如图 2.3 所示，当陀螺倾斜旋转时，会发现自转轴围绕铅直线作旋转，这就是进动。进动产生的原因如下：首先，当陀螺倾斜旋转时，会产生一个斜向上的角动量，当重力作用于陀螺时，与自转轴成一定角度，产生一个重力矩。

$$\text{重力矩} = \boldsymbol{L} \times \boldsymbol{F} \tag{2.5}$$

这个重力矩的方向也是根据右手螺旋定则来判断，垂直于自转轴而指向纸面里面，所以图 2.3 左边那个陀螺的进动方向是向纸面里旋转，右边那个陀螺的进动方向是向纸面外进动，方向已经标出。这个力矩就是使陀螺一边自转、一边绕顶点处与地面的垂线旋转的原因。

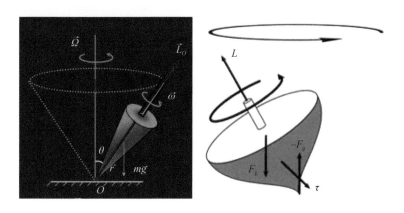

图 2.3 陀螺的进动示意图

如果我们站在一个转椅上，并拿着一个绕水平轴转动的轮子。如果我们把轮子抬起到竖直的方向，这时轮子就具有了绕竖直轴的角动量。但是对整个系统而言，整个过程并无外力作用。因此，人和椅子必然沿着与轮子自转相反的方向转动，以与转动平衡，这也是角动量守恒的体现。

地球的岁差现象的产生，也是因为地球不仅有一个自转轴，而且这个自转轴，还围绕另一个轴以25765年每周的速度旋转。所以，地球绕太阳公转不能理解成进动。可以说，地球一边自转、一边绕太阳公转，还一边做漫长周期的进动。

2.5　原子中电子的运动

我们要研究有机分子对能量的吸收与光发射，本质是能量与有机分子中的电子相互作用。那么，必须要先对电子的本质和运动特性有基本的了解。

分子由原子组合而成。原子由原子核及核外电子组成。原子核由质子与中子组成，中子不带电，质子带正电，电子带负电，质子所带的正电与电子所带的负电，电荷数相等，所以原子是中性的。因此，电子是构成原子的基本粒子之一。电子以重力、电磁力和弱核力与其他粒子相互作用。电子属于轻子，是不可再分的。电子的电荷量为 1.6×10^{-19}C。电子的静止质量为 9.1×10^{-28}g。因此，电子具有固定的核质比，$\dfrac{e}{m} = 1.76 \times 10^{11}$C/kg。

那么，电子在原子核外是怎样运动的？对于这一问题，20世纪初的物理学家们做出了伟大的探索。其中，卢瑟福、玻尔、薛定谔、泡利、洪特、洛伦兹、塞曼、乌伦贝克、戈尔德施米特等贡献甚巨。

目前我们知道，电子不能像宏观物体如地球那样简单地围绕原子核做高速旋转，因为那样的话，①电子将不断发射能量，从而自身能量不断减少，电子的运动速度和半径将不断变少，最后，电子将落在原子核上。由于人类自身和人类周围都是物质世界，物质都是由原子组成，当电子落在原子核上之后，物质世界将不复存在，宇宙将是一片黑暗，什么都没有，这是不可想象的。幸亏这样的事情没有发生，多亏了电子的运动形式不是这样的。②如果电子自身能量不断减少，电子绕核旋转的频率也要逐渐改变，根据经典电磁理论，电磁辐射的频率将逐渐变化，因此原子的发射光谱将是连续的。但事实上，我们观察到的原子光谱却是线状光谱。

1913年，玻尔在普朗克的量子理论、爱因斯坦的光子学说和卢瑟福的有核模型基础上，提出了原子轨道理论：

①电子不是在任意轨道上绕核运动，而是在一些符合一定条件的轨道上运动。这些轨道的角动量，必须等于 $h/2\pi$ 的整数倍。其中，h 为普朗克常数。

②原子中的电子尽可能在离核较近的轨道上运动，这样原子的能量较低。电子在离核越远的轨道上运动，能量也越大。当电子获得能量后，将被从能量较低的轨道激发到能量较高的轨道，整个过程称为从基态被激发到激发态。

③处于激发态的电子由于离核较远，不稳定，可以跃迁到离核较近的低能量轨道，多余的能量将以光子形式释放出去。

$$\Delta E = E_2 - E_1 = h\nu \qquad (2.6)$$

式中，ν 为光的频率。

根据玻尔理论，通常条件下，电子在特定的稳定轨道上运动，不会不断释放能量，因此不会导致自身毁灭。电子从高能级跃迁到低能级发光时，发光频率由 $\Delta E = h\nu$ 决定，由于能量是量子化的，因此发光频率也是不连续的。

但是，玻尔理论当时并没有能解释原子光谱的精细结构和谱线在磁场下的分裂等复杂现象，因而需要修正和补充。

后来发现电子具有波粒二象性，电子在原子中的运动的形式可以用薛定谔方程来描述。

$$\frac{\partial^2 \Psi}{\partial x^2} + \frac{\partial^2 \Psi}{\partial y^2} + \frac{\partial^2 \Psi}{\partial z^2} + \frac{8\pi^2 m}{h^2}(E - V)\phi = 0 \qquad (2.7)$$

式中，Ψ 称为波函数，它是空间坐标 x、y、z 的函数。E 是体系的总能量，V 是势能，m 是电子的质量。这是一个二阶偏微分方程，为了求解方便，要将直角坐标系转换成球坐标系。如图 2.4 所示，r 表示点 p 到球心的距离；θ 表示 OP 与 z 轴正向的夹角；ϕ 表示 OP 在 xy 平面内的投影与 x 轴正向的夹角。

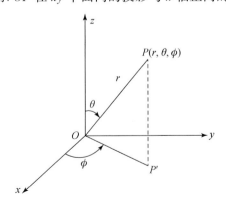

图 2.4　解薛定谔方程所需要的直角坐标变球坐标

坐标变换之后要分离变量，将一个含三个变量的方程化成三个只含一个变量的方程，以便求解。这样可得，

$$\Psi(r,\theta,\phi)=R(r)\cdot\Theta(\theta)\cdot\Phi(\phi)。$$

在解 $\Phi(\phi)$ 方程的过程中，为了保证解的合理性，需引入一个参数 m 且必须满足：$m=0$，±1，±2，…。

在解 $\Theta(\theta)$ 方程的过程中，为了保证解的合理性，需引入一个参数 l 且满足：$l=0$，1，2，…且 $l\geq|m|$。

在解 $R(r)$ 方程的过程中，要引入参数 n，n 为自然数，且 n 与 l 的关系为：$n-1\geq l$。

例如，$n=2$ 时，$l=1$，0，$m=0$，±1。波函数可以是 Ψ（2，1，+1）、Ψ（2，1，-1）、Ψ（2，1，0）、Ψ（2，0，0），对应于 $2p_x$、$2p_y$、$2p_z$ 轨道和 $2s$ 轨道。

这样，就引出了描述原子中电子运动形式的四个量子数。

1. 电子离核的远近——主量子数 n

主量子数 n 的取值为 1，2，3，…，n 是在解 $R(r)$ 方程的过程中引入的，所以 n 与电子离核的远近有关。其准确的物理意义为，描述原子中电子出现概率最大区域离核的远近，或者说它是决定电子层数的，因此，n 是决定电子能量高低的重要因素。

2. 电子在什么样的轨道上运动——角量子数 l

电子绕核运动时，不仅因为离核远近不同，而具有不同的势能，而且具有一定的"轨道角动量 L"和"磁矩 μ"。在本书里，这是与经典物理学关系非常密切的两个概念，它与后面要重点叙述的光发射有极重要的关系。我们先简单叙述薛定谔方程解的结果的物理意义，然后进一步追溯原子中电子的基本性质。

首先，轨道角动量的大小同原子轨道或电子云的形状有密切的关系。

$$L=\frac{h}{2\pi}\sqrt{l(l+1)} \tag{2.8}$$

当 $n=1$ 时，l 只能等于 0，此时，$L=0$。角动量等于零，说明电子没有轨道角动量。没有角动量并不能说明电子没有绕核旋转，电子是不可能静止不动的。那么由于角动量是矢量，具有方向性，所以只能把角动量为零理解为角动量没有方向性，也就是角动量的方向是球形对称的。当 $n=1$，$l=0$ 时，电子就在 1s 轨道。

荷兰物理学家洛伦兹首先提出了运动电荷产生磁场和磁场对运动电荷有作用力的观点。根据洛伦兹的这一理论和玻尔的原子模型，原子中的电子绕核做周期性的轨道运动，相当于一个闭合的圆电流，必然产生磁效应，量度这一磁效应的

物理量就是磁偶极矩，简称磁矩。像电偶极矩一样，磁偶极矩也具有方向性。其方向的确定也是用右手螺旋定则，不过由于电子运动方向与电流方向相反，所以，电子的轨道磁矩大小正比于轨道角动量而方向正好与电子的轨道角动量方向相反。在微观世界里，电子的磁矩也是量子化的。

3. 电子在外磁场下的运动（电子轨道在空间的伸展方向）——磁量子数（m）

从上面介绍可以看到，电子的轨道运动不仅有角动量，而且能产生磁场，也就是具有磁矩。这样一种轨道磁矩，当有外加磁场时，必然和外加磁场相互作用。这种相互作用，由塞曼首先在实验中观察到。

1896 年，塞曼使用半径为 10 英尺（1 英尺 = 0.3048m）的凹形罗兰光栅观察磁场中的钠火焰的光谱，他发现钠的 D 谱线似乎出现了展宽的现象。塞曼曾把观察到的谱线变宽的实验现象告诉了他的老师洛伦兹。洛伦兹则告诉塞曼，如果洛伦兹的电子论是正确的话，沿磁力线方向应该观察到圆偏振光。后来塞曼果然证实了洛伦兹的预言。洛伦兹认为，由于电子存在轨道磁矩，并且磁矩方向在空间的取向是量子化的，因此在磁场作用下能级发生分裂，谱线分裂成间隔相等的 3 条谱线，而且还预言可观察到偏振光和测量核质比。塞曼和洛伦兹因为发现和解释了塞曼效应而共同获得了 1902 年的诺贝尔物理学奖。塞曼效应是 19 世纪末 20 世纪初实验物理学中最重要的成就之一，是继"法拉第效应"和"克尔效应"之后，物理学家发现磁场对光有影响的第三个实例。它从实验角度为光的电磁理论提供了一个重要的证据。

洛伦兹认为，线状光谱是由于电子从角动量不同的轨道跃迁到基态产生的，因为角动量 L 不仅大小是量子化的，而且角动量 L 在空间给定方向 z 轴上的分量也是量子化的。分量的大小与磁量子数的关系是：

$$L_z = m \frac{h}{2\pi} \tag{2.9}$$

式中，m 为磁量子数。

从上面解薛定谔方程的 $\Phi(\phi)$ 项可知，磁量子数 m 的取值可以为 0，±1，±2，…，±l。当 $n = 2$ 时，l 可以等于 0 和 1，m 可以等于 0，±1。那么角动量在 z 轴上的分量也就可以等于 0，$+\frac{h}{2\pi}$，$-\frac{h}{2\pi}$。由此可见，角动量 L 决定电子云的形状，而 m 则决定角动量在空间的给定方向上的分量的大小，即决定原子轨道或电子云的空间的伸展方向。综上，n、l 和 m 量子数决定一个原子轨道离核的远近、形状和伸展方向。

因此，根据式（2.8）和式（2.9）可以推导出，电子的轨道磁矩在外磁场方向上的分量也是量子化的。当 $l=1$ 时，由于磁量子数可以等于 0，±1，则电子的轨道磁矩 $\boldsymbol{\mu}_l$ 也就可以等于 0，$\pm\dfrac{he}{4\pi m}$。

要正确而形象地理解电子的轨道磁矩在外磁场存在下是量子化的，必须去除头脑中关于经典物理学中磁体与外磁场的相互作用的实验现象和图象。在现实生活中，我们观察到，如果把一个小磁体放到一个大磁场中，小磁体会受到大磁场的作用力，从而磁极方向随大磁场而改变。指南针的原理就是这样。但微观世界中电子的运动形式和经典物理学中的宏观物体不尽相同。在外磁场下，电子的轨道磁矩不和外磁场方向被迫一致，而是轨道磁矩围绕外磁场进动。也就是说如果原子处于磁场中，那么由于外磁场和电子的轨道磁矩共同作用，相当于图 2.3 中倾斜的陀螺的角动量和重力的共同作用，电子则不仅有轨道运动，而且还会围绕外磁场进动，从而电子的轨道运动不再是平面运动，而是三维空间中的曲线运动（图 2.5）。假设磁场不很强，它对电子运动的影响不是很大，那么运动可以近似看作仍然是一个平面上的运动，但轨道平面是绕着磁场方向作缓慢旋进的。轨道实际上是一个空间曲线，这样的三维运动就必须满足三个量子条件。

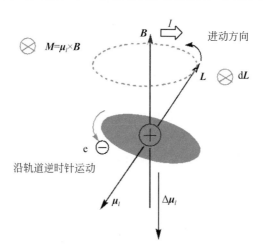

图 2.5　拉莫尔进动。电子在绕原子核的环形轨道上运动，相当于一个圆电流，由于电子带负电，所以这个圆电流的磁矩 $\boldsymbol{\mu}_l$ 的方向与电子角动量的方向相反。在外磁场的作用下，圆电流将受到一个力矩：$M=\boldsymbol{\mu}_l\times B$ 的作用，其中 B 为磁场强度

那么，当有外加磁场时，为什么会导致原来简并的能级分裂，从而导致发射光的光谱裂分呢？

轨道磁矩在外磁场下产生的势能如下：

$$\Delta E = -\boldsymbol{\mu}_l \boldsymbol{B} \tag{2.10}$$

在 l 等于 1 的情况下，m 的取值可以为 0，±1，由于 $\boldsymbol{\mu}_l$ 等于 0，$\pm\dfrac{he}{4\pi m}$，所以轨道磁矩在外磁场作用下，产生的能量增量为 0，$\pm\dfrac{he}{4\pi m}\boldsymbol{B}$。这也正是轨道能级在外磁场下分裂的根本原因。

　　后面将提到电子的自旋。这里，我们先不考虑自旋。即在外加磁场下，当电子的自旋总磁矩在外磁场的分量为零时，可观察到正常塞曼效应。否则，则观察到反常塞曼效应，即在 l 等于 1 的情况下，谱线不止分裂成三条（图 2.6）。

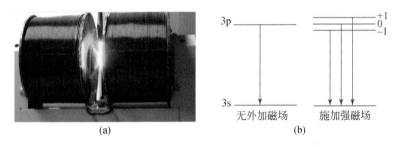

图 2.6　（a）实验室中验证塞曼效应所需要的磁场；（b）单电子的 3p 轨道能级分裂示意

　　把镉光源放在足够强的磁极之间，从垂直于磁场的方向观察光谱，会发现镉原子的 643.847nm 波长的单线分裂成三条，一条在原位，左右还各有一条。两边的两条距离中线用波数表示是相等的，三条谱线是平面偏振的。中间一条的电矢量平行于磁场，左右两条的电矢量垂直于磁场。如果沿磁场方向观察，中间的那条消失了，两边的两条仍在垂直方向观察到的位置，但已经是圆偏振了，而且这两条谱线的偏振方向是相反的。

　　应用角动量守恒原理可以解释塞曼效应中的偏振。由于角动量是矢量，当电子的轨道角动量绕磁场进动时，由电子跃迁产生的光子的角动量也是绕磁场进动的，而且进动的方向与电子的轨道角动量绕磁场进动的方向一致。在发射光谱的高频，偏振光是逆时针方向的也就是左旋的，因为左旋偏振光产生的进动角动量与磁场方向一致，导致体系能量增加，线状光谱蓝移。在发射光谱的低频，偏振光是顺时针方向的也就是右旋的，因为右旋偏振光产生的进动角动量与磁场方向相反，导致体系能量降低，线状光谱红移。在发射光谱的中间，未加磁场时观察到的谱线位置上，原谱线消失。因为光子角动量在磁场方向的分量等于零。没有角动量也就不会产生光（图 2.7）。

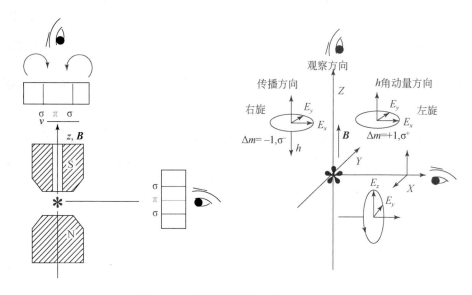

图 2.7　塞曼效应的偏振观察和解释示意

在垂直于磁场的方向观察时，观察不到电子轨道角动量围绕磁场的进动，只能观察到电子轨道角动量在磁场方向的分量，即与磁场同方向的和与磁场反方向的两个分量，也就是两条线。由于轨道磁矩与角动量在一条线上，方向相反，那么电子跃迁产生的光子的电矢量也就垂直于磁场和观察方向，所以会观察到左右两条 y 方向平面偏振光。而中间的一条谱线，是由其磁矢量在 y 方向，也就是既与磁场方向垂直，也与观察方向垂直的电子产生的，那么产生的光子的电矢量就在 z 方向上。所以，虽然在磁场垂直方向观察到的都是平面偏振光，但中间一条是 z 方向的平面偏振（π 线，即电矢量平行于磁场），两边的两条却是 y 偏振（σ 线，即电矢量垂直与磁场）。

4. 自旋量子数（m_s）

当电子从氢原子的 2p 轨道跃迁回到 1s 轨道时，在无外磁场情况下，因为只有一个能级，按理只能观察到一条谱线，但是，如果用分辨率高的光谱仪观察时，却可以发现靠得很近的两条谱线。这就是氢原子的精细结构，这种精细结构只能用电子的自旋来解释，不能仅用 n、l、m 三个量子数来解释。1896 年塞曼发现塞曼效应后，1897 年普雷斯顿报告称，许多原子的谱线在磁场中的分裂非常复杂，不止三条，间隔也不尽相同。这种现象称为"反常塞曼效应"。反常塞曼效应的机制，在其后二十多年里一直没得到很好的解释。1925 年乌伦贝克和戈尔德施米特提出了电子自旋的假设：即电子具有自旋，自旋角动量有两种不同取向，即顺时针和逆时针方向。这种自旋方向的不同决定了自旋角动量沿外磁场方向的分量：

$$M_z = m_s \frac{h}{2\pi} \tag{2.11}$$

式中，m_s 为自旋量子数，只有两个取值，$\pm 1/2$。

当有如图 2.8 所示 Z 轴方向的外磁场存在时，如果不考虑电子的轨道运动，电子的自旋角动量或者自旋磁矩将围绕磁场进动。

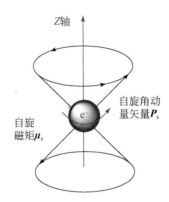

图 2.8　自旋角动量和自旋磁矩的矢量表示

至此，我们应该得到完整的原子中的电子的运动图象：

①原子中的电子在离核远近不同的轨道上运动。

②轨道的形状有所不同，轨道的空间伸展方向有所不同且是量子化的，当有外磁场时，具有不同空间伸展方向的轨道将进行能级分裂。

③电子有两种方向的自旋，电子具有自旋角动量和自旋磁矩。在外磁场存在下，电子的自旋角动量或自旋磁矩将围绕外磁场进动。

自旋角动量 $\boldsymbol{P}_s$ 的表达式：

$$\boldsymbol{P}_s = \sqrt{s(s+1)} \frac{h}{2\pi} \tag{2.12}$$

电子自旋也有磁矩：

$$\boldsymbol{\mu}_s = \frac{e}{m} \boldsymbol{P}_s \tag{2.13}$$

电子既有轨道角动量，也有自旋角动量，两个角动量之间会发生耦合。

$$\boldsymbol{P}_j = \sqrt{j(j+1)} \frac{h}{2\pi}, \quad j = l+s \text{ 或 } l-s \tag{2.14}$$

电子轨道磁矩和自旋磁矩耦合后得到的总磁矩，方向和总角动量相反。大小如下：

$$\boldsymbol{\mu}_j = g\frac{e}{2m}\boldsymbol{P}_j \tag{2.15}$$

式中，g 称为朗德因子。当 $g=1$ 时，总磁矩来源于轨道运动；当 $g=2$ 时，总磁矩来源于自旋；当 $1<g<2$ 时，总磁矩既来自轨道运动也来自自旋运动，是二者的耦合。

　　在外加磁场下，电子的总磁矩受磁场作用，电子绕磁场进动，称为拉莫尔进动。旋进的方向为螺旋在磁场方向前进的方向。但产生的效果却不同。图 2.9（a）中间总磁矩与磁场的夹角小于 90°，旋进产生的角动量叠加在总角动量的磁场分量上，使该方向的角动量增加，因此体系的能量也增加；而图 2.9（a）的左边总磁矩与磁场的夹角大于 90°，旋进产生的角动量叠加在总角动量的磁场分量上，使该方向的角动量减少，因此体系的能量也减少。

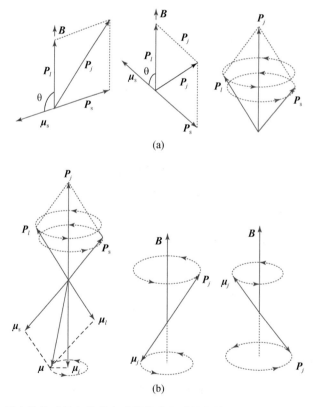

图 2.9　（a）电子自旋角动量和轨道角动量绕总角动量的旋进；（b）电子自旋角动量、自旋磁矩和轨道角动量、轨道磁矩合成总角动量和总磁矩，以及总角动量和总磁矩绕外磁场的旋进

具有自旋磁矩的电子，将处在由于轨道运动而感生的磁场中，其附加的能量根据式（2.11）给出。这种附加的能量将产生双层能级。这也是产生氢原子光谱精细结构的原因（图 2.10）。

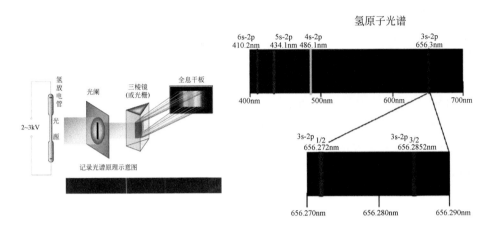

图 2.10　氢原子光谱的观察实验以及由自旋引起的精细结构

综上可以看出，电子所处的环境，不仅有能量上、轨道形状和空间伸展方向的不同，而且还有自旋方向的不同。

2.6　原子轨道中的电子的能级——光谱项

从 2.5 节可以看出，描述原子中单个电子的运动状态可以采用 n、l、m、m_s 四个量子数。但是，对于多电子原子来说，其整体状态取决于原子核外所有电子的运动状态。原子中的电子的运动状态发生变化时，会发射或吸收特定频率的电磁波谱。这是因为，原子中的电子处于不同的能级，原子光谱是一些线状光谱，发射谱是一些明亮的细线，吸收谱是一些暗线。

在多电子原子中，电子之间、电子的轨道运动和自旋运动之间都存在相互作用。这使得原子的整体状态并不等于各个单电子状态的简单相加。通常用 L、S、J、M_J 四个量子数，也就是原子光谱项来描述原子的整体状态。原子的光谱项和光谱支项简记为

$$^{2S+1}L(光谱项),\quad ^{2S+1}L_J(光谱支项)$$

左上角符号 $2S+1$ 表示光谱项的多重度。其中 S 为原子的总自旋角动量量子数。由于电子的自旋量子数只有两个值，$\pm 1/2$，所以，电子的总自旋角动量量子数的

值就是成单电子数个数乘以1/2。2S+1代表多重度，表示谱项可以分裂为多少个支能级。同一电子组态中，多重度最大的，也就是S最高的能级最低。中间符号L为原子的总轨道角动量量子数，用S、P、D、F、G、H、I分别代表总轨道角动量为0、1、2、3、4、5、6的情况。在多重度相同的情况下，具有最大L值的能级最低。J为总角动量量子数，也就是总轨道角动量和总自旋角动量相互耦合产生的支能级，$J=L±S$。当价电子支壳层达到或超过半满，则总角动量量子数为$J=L+S$，若价电子支壳层达不到半满，则$J=L-S$。对于满支壳层的原子中的电子，光谱项中的总轨道角动量和总自旋角动量均为零，从而其光谱项为$^1S_0$。所有满壳层原子的光谱项均相同，为$^1S_0$（下同）。

例如，Ga的基态光谱项，其价电子组态为：$4s^2 4p^1$。4s为满壳层，对光谱项各项没有贡献。4p上的一个电子，以自旋+1/2占据$l=1$的轨道为能量最低，故$S=+1/2$，$2S+1=2$。$J=1-1/2=1/2$。故Ga的能量最低态也就是基态的光谱项为：$4^2P_{1/2}$。这里，非常重要的一句话：**4s为满壳层，对光谱项各项没有贡献。**已经用黑体标出，这是第6、7章所叙述的π–BET理论的基础，即共价键的饱和性表明有机物中没有自由电子，从而对发光没有贡献。

其他与本书关系比较密切的原子的基态光谱项计算如下：

Al：$3s^2 3p^1$，与Ga的计算同理，光谱项为：$3^2P_{1/2}$。当铝原子变成三价铝离子后，失去了3s上的两个电子和3p上的一个电子，第二层轨道的2s和2p轨道被全充满，故基态的光谱项为$^1S_0$。

铱，价电子层的电子组态为$6s^2 5d^7$。其5d轨道上的电子排布如下。

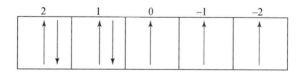

其中，$L=2×2+1×2+0+(-1)+(-2)=3$；$S=3×1/2=3/2$；由于轨道电子填充超过了半满，所以自旋轨道耦合值$J=L+S=9/2$。故铱的基态光谱项为$5^4F_{9/2}$。

而三价铱离子Ir^{3+}，为金属铱失去6s轨道上的两个电子和5d轨道上的一个电子，从而电子构型变成$5d^6$。其轨道电子排布如下。

此时，按照类似的计算方法，其光谱项应为：5^5D_4。但实际上，当三价铱离子形成配合物之后，在强场情况下，单电子被迫配对，然后配体的孤对电子填充进来，得到全满的 d^2sp^3 杂化轨道，从而其光谱项为 $^1S_0$。故在铱配合物中，三价铱离子中的电子对光谱没有贡献。

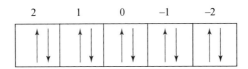

铕，价电子层的电子组态为 $4f^7 5d^0 6s^2$。其价电子层轨道电子排布如下。

其中 $L=0$；$S=7×1/2=7/2$；由于轨道电子填充达到了半满，所以自旋轨道耦合值 $J=L+S=7/2$。故铕原子的基态光谱项为 $^4 8S_{7/2}$。当铕原子失去外层 6s 上的两个电子和 4f 上的一个电子共三个电子变成三价铕离子后，其电子组态为 $4f^6$，其电子排布如下。

其中 $L=3$；$S=6×1/2=3$；由于轨道电子填充未达到半满，所以自旋轨道耦合值 $J=L-S=0$。故铕离子的基态光谱项为 4^7F_0。

铽，价电子层的电子组态为 $4f^9 5d^0 6s^2$。其价电子层轨道电子排布如下。

其中 $L=5$；$S=5×1/2=5/2$；由于轨道电子填充超过半满，所以自旋轨道耦合值 $J=L+S=15/2$。故铽离子的基态光谱项为 $4^6H_{15/2}$。当铽原子失去外层 6s 上的两个电子和 4f 上的一个电子共三个电子变成三价铽离子后，其电子组态为 $4f^8$，其电子排布如下。

其中 $L=3$；$S=6×1/2=3$；由于轨道电子填充超过半满，所以自旋轨道耦合值 $J=L+S=6$。故铽离子的基态光谱项为 4^7F_6。

综上，对于光谱项的计算和分析，有助于我们对有机分子尤其是金属配合物的发光机理进行分析。

2.7　电子之间的相互作用

当原子核外有两个以上价电子时，因为两个电子都有轨道角动量和自旋角动量，电子之间会有相互作用。

首先在实验中发现，氦以及周期表中第二主族与第二副族的铍、镁、钙、锶、钡、镭、锌、镉、汞的光谱有相仿的结构。即它们的能级都分成两部分，一部分为单重态，另一部分为三重态。

如图 2.11 所示，氦有两套能级，一套是单重态的，另一套是三重态的，这两套能级之间没有相互跃迁的情况，它们各自内部的跃迁产生了两套光谱。氦的单重态的主线系是诸^{1}P 态跃迁到基态$^1S_0$的结果，处于远紫外部分。而三重态的主线系是诸^{1}P 态和^{3}S 之间跃迁的结果，落在红外、可见或紫外区。

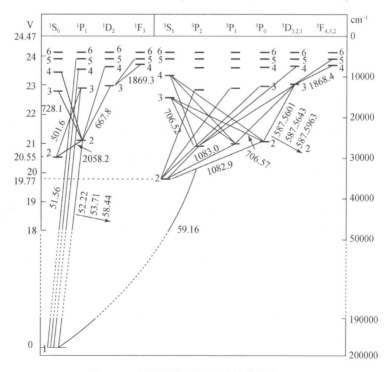

图 2.11　氦原子能级图（波长单位为 nm）

　　尤其应该注意的是：第一激发态$^3S_1$不能自发跃迁到基态$^1S_0$。这是由于三重态不能跃迁到单重态。不仅如此，S 态之间也不能跃迁。

　　当氦原子处于基态时，电子组态是$1s^2$，即电子呈自旋相反处于 1s 轨道中，当氦原子接受能量被激发后，两个电子分开，一个电子继续处于基态 1s 轨道中，另一个电子则可处于 2s、2p、3s、3p、3d 中，并且自旋方向可以与处于基态的另一个电子不同，构成单重态能级，也可以发生自旋翻转，与另一个处于基态的电子自旋方向相同，从而构成三重态能级。

　　镁的能级和氦类似，如图 2.12 所示。

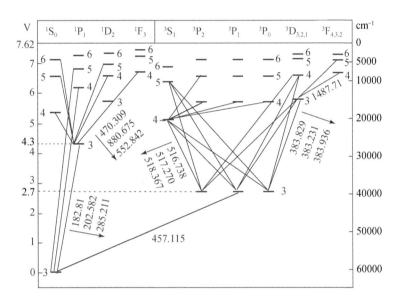

图 2.12　镁原子能级图（波长单位为 nm）

　　镁原子有 12 个电子，其电子的组态为$1s^22s^22p^63s^2$。从镁原子的光谱结构与氦类似可以看出，决定光谱能级结构的主要是外层两个电子。镁的其余 10 个电子构成原子实，在发射光谱时不被激发。

　　同样，在镁的光谱中，单重态和三重态之间一般没有跃迁。仅有一个例外，就是$^3P_1$到基态$^1S_0$跃迁，即 457.115nm 这条线。

　　镁的电离势是 7.62V，而氦是 24.47V。镁的第一激发态是^3P，激发电势是2.7V，而氦的第一激发态是^3S，激发电势为 19.77V。可见，氦由于其惰性气体结构，其电子不易被激发。

2.7.1　LS 耦合与 jj 耦合

当原子的价电子为两个时，每个电子都有自旋磁矩和轨道磁矩。相互之间的作用关系复杂。如果两个电子之间的自旋–自旋作用和轨道–轨道作用，比自旋轨道耦合作用强，那么两个自旋角动量要合成一个总自旋角动量 $\boldsymbol{P}_s$，两个自旋角动量 p_{s1} 和 p_{s2} 要围绕总自旋角动量进动。两个轨道角动量也要合成一个总轨道角动量 $\boldsymbol{P}_L$，两个轨道角动量 p_{l1} 和 p_{l2} 要围绕总角动量进动。最后，总自旋角动量和总轨道角动量合成一个总角动量 $\boldsymbol{P}_J$，$\boldsymbol{P}_s$ 和 $\boldsymbol{P}_L$ 再围绕 $\boldsymbol{P}_J$ 进动。这种总轨道角动量和总自旋角动量最后合成总角动量的方式，称为 LS 耦合（图 2.13）。

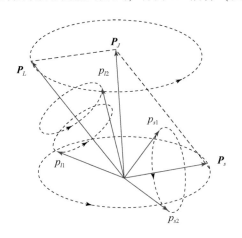

图 2.13　LS 耦合矢量图

合成的总自旋角动量：$\boldsymbol{P}_s = \sqrt{S(S+1)}\dfrac{h}{2\pi}$，其中 $S = s_1 + s_2$ 或 $s_1 - s_2$，也就是 $S = 1$ 或 0。所以，在 LS 耦合中，两个电子的自旋角动量合成的总自旋角动量只能有两个数值：即 $\sqrt{2}\,\dfrac{h}{2\pi}$ 或 0。

合成的总轨道角动量：$\boldsymbol{P}_L = \sqrt{L(L+1)}\dfrac{h}{2\pi}$，$L = l_1 + l_2,\ l_1 + l_2 - 1,\ \cdots,\ |l_1 - l_2|$。

合成的总角动量：$\boldsymbol{P}_J = \sqrt{J(J+1)}\dfrac{h}{2\pi}$，$J = L+S,\ L+S-1,\ \cdots,\ |L-S|$。

对于具有两个价电子的原子，S 只有两个数值（0 或 1）。在 $S = 0$ 的情形，对于每一个 L，$J = L$，此时，只有一个能级，是单重态。对于 $S = 1$ 的情形，对于每一个 L，$J = L+1,\ L,\ L-1$，共有三个 J 值，相当于三个能级，所以是三重态。

这就说明了为什么具有两个价电子的原子都是具有单重态和三重态结构的能级结构。

假设有一个 p 电子和一个 d 电子，那么 $s_1 = s_2 = 1/2$，$S = 0$，1；$l_1 = 1$，$l_2 = 2$，$L = 3$，2 或 1。然后每一个 L 和 S 合成 J。下面列出 L、S、J 的值。

	$S = 0$	$S = 1$
$L = 1$	$J = 1$，$^1P_1$	$J = 2$、1、0，$^1P_{2,1,0}$
$L = 2$	$J = 2$，$^1D_2$	$J = 3$、2、1，$^1D_{3,2,1}$
$L = 3$	$J = 3$，$^1F_3$	$J = 4$、3、2，$^1F_{4,3,2}$

上述列出的各个光谱项代表原子中的电子所处的能级。能级的大小由洪德定则来确认：

①同一个电子组态，当进行 LS 耦合时，具有相同 L 值的能级中，多重度最高的，即 S 值最大的能级最低。

②同一电子组态形成的具有不同 L 值的能级中，具有最大 L 值的能级最低。

2.6 节中，光谱项的推导基本遵循的是该定则。具有相同 L 值、不同 J 值的能级情况，具有最小 J 值的能级最低，属于正常次序，如镁的能级。有时，具有最大 J 值的能级最低，属于倒转次序，如氧的能级。

除了 LS 耦合，还有 jj 耦合，也就是电子的自旋同自己的轨道运动得到总角动量，然后和另一个电子的总角动量耦合。jj 耦合一般发生在原子序数比较大的原子中，这里不详细介绍。

2.7.2　辐射跃迁选择定则

单电子原子和多电子原子的吸收和发射，都有选择性，这些选择性可以用选择定则表达出来。

原子中电子的空间分布状态分为"偶性"和"奇性"两类，这类性质称为"宇称"。把原子中各电子的 l 量子数相加，如果是偶数，原子的状态就是偶性的；如果是奇数，那么状态就是奇性的。普遍适用的选择定则是，跃迁只能发生在不同宇称的状态间，偶性到奇性，奇性到偶性。在多电子原子中，每次跃迁不论有几个电子变动，都必须符合这条规律。其次，对于 LS 耦合，还必须满足

$$\Delta S = 0$$
$$\Delta L = 0, \pm 1$$
$$\Delta J = 0, \pm 1 (0 \rightarrow 0 \text{ 不允许})$$

要注意的是，$\Delta L=0$ 与宇称守恒原则并不矛盾。在多电子原子中，对于由两个或两个以上的非 s 态电子组成的电子组态，在其所形成的原子态间 $\Delta L=0$ 的跃迁是可能的，而在此外的一切情形中，$\Delta L=0$ 的跃迁都是禁戒的。

2.8　对原子结构的探索

传统的原子结构理论赋予原子核外电子 4 个量子数，可以很好地解释许多物理和化学现象。然而，电子带负电，原子核带正电，为什么正负电荷没有因为电性吸引而导致物质湮灭，这仍然是一个谜团。下面是作者的一些探索。

牛顿在开普勒、伽利略和胡克等的研究基础[1]上，提出了万有引力定律，这是自然界的基本规律，影响非常深远。牛顿在《自然哲学的数学原理》（第二版，1713 年）中，添加了"综合注释"："到目前为止，我们已经用引力解释了天空和海洋的现象，但还没有找出此种力量的起因……我没能从现象中发现引力属性的原因，也没有提出任何假设。"[1]牛顿一生的主要成就体现在力学、光学和数学领域。在美国科学家迈克尔·哈特著的《影响人类历史进程的 100 名人排行榜》（Michael H. Hart. The 100：A Ranking of the Most Influential Persons in History. Citadel Press，1992）里，牛顿排名第二。

从原子核的卢瑟福模型出发进行推理推断，从最简单的氢原子、氦原子、氮原子等的核外电子如何在原子核外的广阔空间中分布出发，我们可以得出为了不使电子坠落入原子核中从而导致整个物质世界的毁灭，电子必须由自旋产生电磁场排斥力以便抵消原子核的电场吸引力，从而导致有过剩的原子核及电子自旋角动量和过剩的原子核自旋电磁场。从玻尔到薛定谔的轨道模型推导中所忽略的原子核自旋和电子自旋产生的电磁场和角动量这些关键因素，一旦加进去并修正电子的动能和势能项，就可以得出全新的原子结构模型。而清晰的原子结构图象，有助于更好地理解波粒二象性、德布罗意波、［海森伯］不确定性原理、电子云、洪德定则、热力学第三定律等，从而给原子结构带来革命。

卢瑟福从 α 粒子穿过 0.4μm 厚的金箔后只有极少数粒子被散射，得出了原子结构的"原子行星模型"[2]。该模型认定正电荷居于原子的中心，并且体积很小，等电量的负电荷围绕该原子核并占据了原子其余的所有体积。这是人类发现神秘的原子微观世界的最重大一步。

基于普朗克[3]的 $E=h\nu$ 和卢瑟福的原子行星模型，玻尔通过引入 $P=mvr=nh/(2\pi)$ 和 $mv^2/r=kZe^2/r^2$ 等假设条件提出了轨道理论[4]。虽然得到了量子化的轨道，但在这种轨道中电子绕原子核运动并具有确定的动能。这是和［海森伯］

不确定性原理[5]相违背的。后来，从爱因斯坦的光的波粒二象性[6]出发，德布罗意提出了"物质波"的概念[7]。1926 年，薛定谔建立了波动方程并通过解方程得出波函数来揭示电子的运动状态[8-10]。然而，仔细查看薛定谔方程就能发现，这个方程中参数有质量 m、能量 E、势能 V、普朗克常数 h、波函数 Ψ 等。重要的其他物理参数如原子核和电子的自旋角动量和磁矩都没有被包括进来。

　　一个关于原子结构的清晰图象可以让我们从微观到宏观透视问题。物质是由分子构成，分子由原子构成。例如，氢原子是由一个正电荷和一个核外电子组成。为了保持电中性，原子核必须具有一个单位正电荷，电子具有一个单位负电荷。如果由于电场的作用，电子被吸引到原子核里，将导致氢原子被毁灭。同样的道理适合于整个物质世界。这种情况如果发生，宇宙将不复存在。

　　图 2.14 显示了最简单的氢原子内部的原子核如何与电子相互作用。带正电的原子核的自旋产生一个原子核电磁场 H^+ 和原子核自旋角动量 P^+。同样，电子的自旋也产生一个电子自旋电磁场 H^- 和电子自旋角动量 P^-。为了防止正负电荷的基于电场的吸引而导致亲密碰撞进而导致氢原子的毁灭，原子核和电子的自旋方向必须相同，这样才能产生一个基于电磁场的排斥力来对抗电场的吸引力，防止电子被吸引到原子核上与原子核发生碰撞。这样，电子和原子核的相同的自旋方向必然导致一个净的自旋角动量产生。

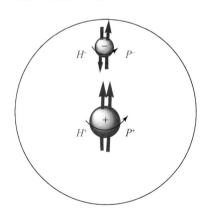

图 2.14　氢原子的结构。P^-，电子的自旋角动量；P^+，原子核的自旋角动量；H^-，
电子的自旋磁场；H^+，原子核的自旋磁场

　　如图 2.15 所示，两个氢原子可以满足角动量守恒原理，可知两个氢原子的外层电子自旋相反，而两个氢原子核也自旋相反。两个核外电子自旋相反，不仅满足了角动量守恒，而且符合泡利不相容原理[11]。两个氢原子的原子核自旋相

反，则可以产生互相吸引的电磁场。所以，原子的净自旋角动量决定两个原子的靠近方向，原子核自旋电磁场决定两个原子的吸引力。

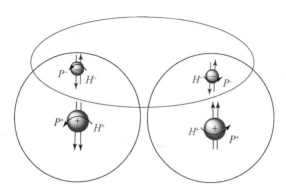

图 2.15　两个氢原子可以满足角动量守恒原理

在氢原子中，电子和原子核之间的电场力，使得电子无限接近原子核，而相互排斥的电磁场则使电子无限远离原子核，这是两种相互制约、相互平衡的力。原子内部的总角动量、总电磁场、总电场都要保持守恒。当电子运动到离原子核较近处时，此时吸引力达到极限，电子的自旋速率最小，体积最大。此后，电子的体积将逐渐减小，电子的自旋速率将加快，电磁场的排斥力将增大，电子将运动到离原子核较远处。这种电子相对于原子核的运动恰似质点在弹簧上的简谐振动，可以完美地诠释波粒二象性，同时也是对德布罗意波的完美诠释。所以，很难同时测定电子的动量和位置。这是一个非常奇妙的对"［海森伯］不确定性原理"和"电子云"的形成的形象化理解（图 2.16）。

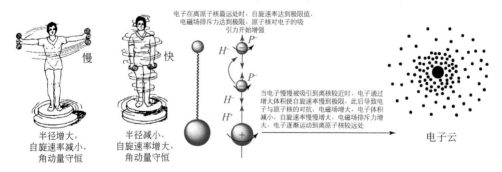

图 2.16　电子相对于原子核的运动恰似弹簧上的两个球体做简谐振动，可以形象地解释电子云、［海森伯］不确定性原理、德布罗意波和波粒二象性

　　电子的自旋在电子到达原子核的最近和最远处的极限值位置时，为了保持角动量守恒，电子和原子核的自旋速率，一个最低，另一个最高。在外界有能量可以吸收的情形下，如电磁波、光、热等，原子将吸收能量。这种额外的能量将增大电子的动能使电子加速远离原子核。不是什么能量都可以被吸收，只有能和电子与原子核的简谐振动发生共振的能量才能被吸收，也就是 $h\nu$ 的整数倍。这种原子结构的简洁而清晰的图象又可以解释量子理论。

　　当电子被激发到 2s 轨道后，电子的自旋速率由于吸收了能量将增大，除非这种能量再以电磁波的形式释放出去，否则，电子将继续在 2s 轨道上运动。当增加的势能被电子以电磁波的形式释放出去后，电子将重新开始周而复始向原子核靠近的运动。但只要原子核和电子的自旋不停止，电子就永远不会落入原子核。所谓物质不灭，就是这个道理。总之，一旦电子吸收能量 E 超出 $h\nu$ 的整数倍，电子就会运动到更高层的轨道。然后在高层轨道绕核旋转，然后回到低层轨道并释放出能量（图 2.17）。

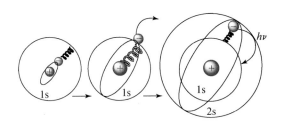

图 2.17　原子吸收能量 E 超出 $h\nu$ 的整数倍后，电子的自旋速率将增大，如弹簧一样运动到离核较远处并脱离其既定轨道（1s），运动到离核更远的轨道（2s）上。此后电子重新调整自旋方向和速率，并将动能转变为势能。然后再跃迁回到低能级轨道，发射光子

　　上述氢原子核结构的清晰图象，从电子与原子核的电磁场相互抵抗二者之间的电场出发，得出了原子核与电子的简谐振动平衡。对于量子理论的解释是非常清晰的：在遇到能量的吸收和释放时，电子对能量的吸收和释放必须是量子化的。在达不到 $h\nu$ 整数倍的情况下，能量不会被吸收，不会发生能级跃迁。也就是说，电子必须完成靠近和远离原子核的整套循环，才能表现为外在形式的能量的吸收和释放。因为，电子离核的远近，肉眼是观察不到的，只有发生轨道跃迁，以明显足够大的可观察量的电磁波等能量形式辐射，才能观察到。这也是[海森伯]不确定性原理的另一种解释。这种解释可以完美地理解普朗克的量子理论。

　　对于氦来说，根据泡利不相容原理，1s 轨道中的两个电子必须自旋方向相

反。所以，电子在原子核中最可能的空间排布方式，就是一个最靠近原子核的电子，其自旋方向与原子核的自旋方向相同以便抵消带正电荷的原子核对该电子的吸引，另一个离核较远的电子必须与第一个电子和原子核的自旋相反。而且，第二个电子必须和第一个电子以及原子核在一条直线上［图2.18（a）］，否则第二个电子必然会由于电磁场和电场的双重作用而被原子核吸引进去而碰撞毁灭［图2.18（b）和（c）］。图2.18（b）和（c）的情况是不可能的，因为电子配对意味着相反的自旋且自旋速率相等。这对电子的电磁场和自旋角动量互相抵消。仅剩的电场使得这对电子必然被原子核吸引过去。两个自旋相反的电子和原子核的电磁场与角动量之间可以微调到一个动态平衡。但是显而易见，原子核不能静止不动。这样，两个电子都不会被吸引进入原子核。对于锂来说，电子构型是$1s^22s^1$，电子的空间排布和氢原子一样。铍原子和氖原子分别具有满壳层的电子构型2s和2p。

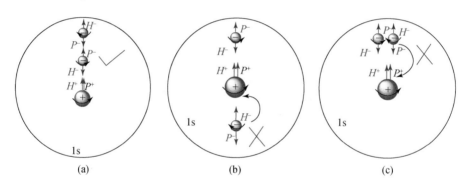

图2.18　氦原子的原子核与电子的空间构型

　　然而对于碳和氮这样具有未充满的2p轨道的原子来说，其电子构型分别为$1s^22s^22p^2$和$1s^22s^22p^3$。在多于一个电子而少于六个电子可以填充到2p轨道的情形下，2p轨道上的电子的三维空间图象又是怎样的呢？根据洪德定则[12,13]，对于一个给定的电子构型，具有最大总自旋角动量S的能级最低，其中，具有最大总轨道角动量L的能级最低。洪德定则的证实和解释可以参见许多光谱证据和计算[14-16]。图2.19描绘了2p轨道的电子产生的电磁场在原子核产生的电磁场上的分量的空间分布。很明显，2p轨道的三个电子必须自旋平行才能对抗原子核的电磁场，否则将被原子核吸引进去，从而分子轨道理论中的波函数符号（正或负）也终于找到了它们确切的物理含义。

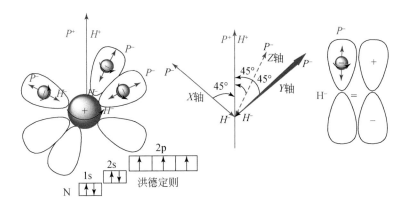

图 2.19　以氮原子的空间电子构型为例（洪德定则新解释）

　　对于有机物来说，例如甲烷，所有共价键都是饱和的成对电子。而如氯化钠具有的钠离子 $1s^2 2s^2 2p^6$ 和氯离子 $1s^2 2s^2 2p^6 3s^2 3p^6$，整个分子也没有孤单电子存在。即使氢，孤立的氢原子也是化学不稳定的，具有成对电子的氢分子才具有化学稳定性。因此，对地球上的大部分物质来说，自旋相反的成对电子的电磁场和角动量可能会相互抵消从而导致过剩的原子核的电磁场存在。过剩的原子核的电磁场需要地磁场来平衡。

　　1906 年，能斯特提出了绝对零度不可能达到的原理（也就是热力学第三定律[17,18]）。热力学第三定律的最深刻起源应该是在一些情况下，分子的所有运动可能会停止。但是有一种情况是绝对出现不了的，即原子水平上的运动或者更深层次的原子核内部的运动不会停止。因此系统的绝对零度永远达不到，也就是原子核永远不会静止不动。

　　原子核物理学[19-21]已经揭示了具有偶数原子序数和质量数的核，例如 ^4_2He、$^{12}_6\text{C}$、$^{16}_8\text{O}$ 在外磁场下，不具有自旋量子数，不会产生能量吸收和辐射跃迁，没有核磁共振信号。但是并不能说明这些核不具有核自旋磁矩和角动量矩。事实上，有无核磁共振信号以及原子的固有磁矩和角动量矩大小仅仅是指原子在外磁场作用下所表现出的行为特征，并不代表原子核静止不动。虽然目前的科学还难以精确描述原子核的详细结构，但从最简单而朴素的物理学常识上看，由于原子核由质子和中子组成，质子带正电荷，中子为中性不带电荷，那么质子必然是自旋相反的排列才能产生互相吸引的电磁场以抵抗互相排斥的电场，而中子恰好能起到分割具有同性电荷的质子的作用从而减弱这种同性电荷的排斥。这样，具有偶数质子和偶数中子的原子核，必然自旋量子数为零，不受外磁场的微扰。具有奇数质子或者奇数中子的原子核，则自旋量子数不为零，会受到外磁场的微扰。

例如 $_2^4$He，有两个质子和两个中子。显然，这两个质子必须自旋相反以便得到相反的电磁场从而达到相互吸引才能抵消电场的相互排斥。中子的作用是将带正电的质子相互分离，而且两个中子的自旋方向必须相反以使中子的角动量守恒。结果对于 $_2^4$He 这样具有偶数原子序数和质量数的原子核来说，就没有净的核自旋磁矩和角动量矩了。然而，这种测试只限于微观量子尺度。对于氦原子核整体来说，两个带正电荷的质子加在一起不仅自转，而且会绕某种非特定的轴（例如地磁场）公转，从而必然产生一个总电磁场和总角动量。这个总电磁场和总角动量不受外磁场干扰，仅与地磁场产生作用，从而使得氦原子没有核磁共振信号，这就是相对于宏观的带负电荷的地球而不是原子核的量子属性而产生的引力之源。同理，对于 $_4^9$Be 来说，具有奇数质量数和偶数原子序数，原子核的电磁场将因为奇数的中子的微扰在外磁场下将重新排布而导致不守恒。

氢的同位素氕、氘、氚的原子质量分别是 1.0078u、2.0141u 和 3.0160u，其中氕、氘、氚具有的中子数分别为 0、1、2。虽然中子不带电荷，但是中子存在于原子核内且具有质量。中子数量的增加必然改变原子核中的自旋角动量和自旋电磁场。同样的情形可以在其他元素的同位素中发现。图 2.20 比较了地球上所有元素的相对原子质量随着原子序数和质子数与中子数之和变化的情况。随着原子序数的增大，重原子的相对原子质量越来越大于其质子数和中子数之和，可见原子核的核电荷数对重力大小的影响。由于核电荷数等于核外电子数，根据图 2.20 可以推断，核外电子数的增加，电子之间的自旋角动量和自旋电磁场的抵消逐步增强，从而电子的总自旋角动量和总自旋电磁场对原子核的自旋角动量和自旋电磁场的影响逐步减弱，原子的相对原子质量增大的趋势大于核电荷数增大的趋势。

现代科学证实了地磁场的存在[22,23]。从地球自转的方向和地磁场的方向，我们有理由推断地核可能带有负电荷。其实也只有这种推断，万有引力的各向同性才是可以理解的（图 2.21）。在卡文迪什的万有引力实验中（图 2.22），物质内所有原子核的自旋角动量均指向地心。当两个球被安置在足够近的距离时，两个球内的相邻部分的自旋角动量和自旋电磁场可以被互相诱导从而产生轻微的相互接近的力。当然，如果两个球的全部核自旋角动量都被诱导了并指向对方，那么这两个球将被吸引到一起。

固体、液体的原子和分子能够凝聚在一起，而不是因为重力和热力学第二定律中熵增原理而分散开来，主要的凝聚力就是过剩的自旋角动量和自旋电磁场。

手性有机化合物的旋光性是物质过剩电磁场存在的另一个非常独特的证据。如图 2.29 所示的手性物质的电磁场在空间中的有序分布，使得无论是晶体还是溶液都产生了一个磁场，从而可以使偏振光产生旋光。

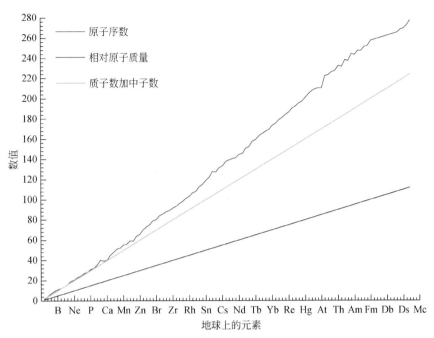

图 2.20　地球上的元素的原子序数、质子数加中子数和相对原子质量的比较

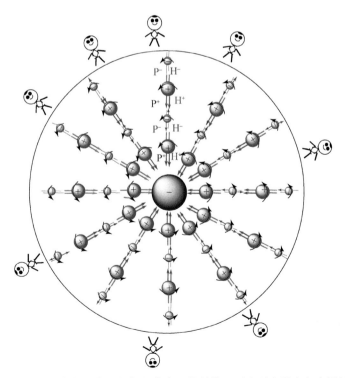

图 2.21　地球中心位置的负电荷为地核所带，万有引力具有各向同性

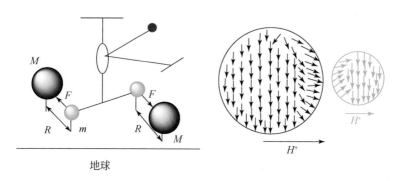

图 2.22　卡文迪什的万有引力实验及其解释

　　总之，20 世纪上半叶涌现出了许多伟大的科学家。我们对他们在崇拜之余，也要真正学习到他们思考问题的方式和敢于突破创新的精神。本书作者认为对原子结构的探索永无止境。

2.9　对光的本质的探索

　　从第 1 章可知，无论光的微粒说、波动说还是波粒二象性，迄今为止仍没有回答如下两个关键科学问题：

　　①这种微粒到底是什么微粒；

　　②这种微粒到底是怎样运动的。

　　下面作者将做出一些探索。

　　如图 2.23 所示的小球从山顶滚落到地面。在某点处，势能将等于动能，$mgh_1 = \frac{1}{2}mv_1^2$，所以总能量将为 $E = mgh_1 + \frac{1}{2}mv_1^2 = mv_1^2$。这个表达式的令人震惊之处就是与爱因斯坦质能方程 $E = mc^2{}^{[24]}$ 一致。

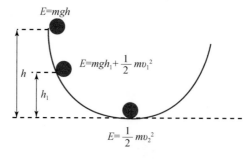

图 2.23　小球从山顶到地面所经历的能量变化

　　然后，当小球到达地面最低点时，势能为零，动能最大。所以得到 $v_2 > v_1$。通过计算和类比以及能量守恒定律，可以很合理地推断出如果能量被表达为 $E = mc^2$，那么质点的移动速度必然不是最快的。只有当能量被表达为 $E = \frac{1}{2}mc^2$ 时，c 才是宇宙中最快的速度。

　　光在日常生活中是如此常见又如此容易得到，但我们对光却知之甚少。当人们的皮肤暴露于日光下时会变黑。这种黑其实是被称为"光子"的能量作用导致的。由普朗克的 $E = h\nu$[3] 和爱因斯坦的波粒二象性共同确立了光的属性[6]。后来，德布罗意发展了物质波的概念[7]（德布罗意波）。

　　下列事实把"联合电子或电子对"与光联系起来：

　　①当灯泡被通以电流时，灯泡会发光，而电流可以定义为正电荷的流动和电子的反向流动。

　　②火能产生光，因为来自碳和氧气的外层电子互相结合。

　　③化学反应如爆炸也能制造光，因为化学物质的外层电子可以互相结合。

　　④雷电能制造光，因为云中的正负电荷可以结合。

　　⑤热能制造光，例如"黑体辐射"[25]。

　　⑥光可以从 LED 器件中被制造出来，在这种器件里，无机或有机材料被夹在阴极和阳极之间，然后通上电流[26]。

　　⑦摩擦发光，摩擦可以起电也可以发光，在摩擦的过程中发生了两种物体表面上电子的转移。

　　当木炭燃烧时，碳和氧的核外电子可以结合在一起组成共价键，同时发出光。那么光本身是不是结合在一起成对的两个电子呢？这非常有可能。从普朗克的 $E = h\nu$ 到爱因斯坦的波粒二象性再到德布罗意的物质波，光粒子（光子）的本质从来没有被定义。然而，如果将光看作成对电子的波动，那么关于光的图象将前所未有地清晰起来。光中的电子就成为唯一的能被人眼观察到的把微观和宏观世界联系起来的物质。这样，形成电子对并以光速发射出来就是我们日常生活中在灯泡、火、化学反应、雷电、热、LED 器件和摩擦中观察到的光。

　　图 2.24 ~ 图 2.27 展示了具有确定物理意义的光的迄今为止最清晰的图象，简称"波动电子对"（waving paired electrons，WPE）理论。成对电子同时有三种运动方式。首先，方向相反的自旋使得其具有相互吸引的电磁场和守恒的角动量。其次，这两种作用使电子对在包括电场方向和传播方向的平面内做互相靠近的运动，这种运动就像绑在弹簧上的两个质点那样的简谐振动。同时，它们还做向前的互为中心的圆周运动。当它们靠得最近时，它们被互相排斥的电场突然分

开。此时开始了新的一轮兼具简谐振动和双中心向前的圆周运动且此时起始向心速率 c_i（c_1、c_2或 c_3，图 2.24、图 2.25、图 2.27）和圆周运动的半径都达到最大值。此时两电子距离最远。然后该速率逐步减小且伴随前进圆周运动的半径也逐步减小。

总之，自旋相反的成对电子以起始向心速率 c_i 在电场 E 和传播方向 K 组成的平面内做简谐振动同时以对方为中心做圆周运动。也就是说，E、H 和 K 互相垂直。这样，光的运动可以看作配对电子沿着传播动量方向的进动。

起始的向心速率 c_i 的运动方向是与传播动量方向 K 成一定角度的（图 2.24、图 2.25、图 2.27）。所以，c_i 必然要比径直向前的动量速度（c_k）快，因为其运动轨迹是一条波动曲线（这已由图 2.23 推断证明，在势能没有完全转化为动能前，粒子的运动速度并不是最快的）。c_i 越快，其与 c_k 的夹角也越大，波长也就越短。在整个移动过程中，排斥力来自于电子对之间的带有相同负电荷的电场，吸引力起源于成对的自旋相反的带有负电荷的电子产生的电磁场和自旋角动量（图 2.27）。这种对光的图解可以说明光的电磁场方向、电场方向和传播动量方向是如何相互垂直的。

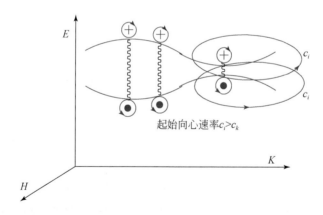

图 2.24　成对电子自旋方向相反，在电场和传播方向组成的平面内做相互靠近又远离的简谐振动且同时做以对方为中心的圆周运动，这就构成了波粒二象性，也完美解释了光的电场分量、磁场分量和传播方向。图中的点表示自旋角动量的方向为面外，图中的十字表示自旋角动量的方向为面内，箭头表示电子自旋方向

下面列举一些证据来证明光是成对电子波动的本质。

1. 光电效应[6,27,28]

2.8 节揭示了不同于玻尔的轨道理论[4]和薛定谔的量子力学[8-10]的原子结构图象。这种图象可以诠释［海森伯］不确定性原理和电子云[29]。

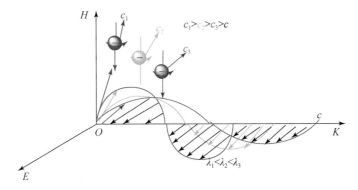

图 2.25 成对电子在电场 E 和传播方向组成的平面 EOK 内振动。沿着曲线运动的起始向心速率 c_1、c_2、c_3 大于其径直传播方向的速率 c。光的波长取决于其起始向心速率

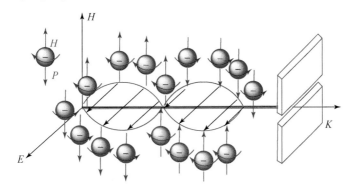

图 2.26 偏振光是如何通过偏振片的

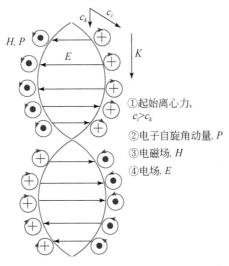

①起始离心力，$c_i > c_k$

②电子自旋角动量，P

③电磁场，H

④电场，E

图 2.27 光作为成对电子的运动类似于一个弹簧并在包含电场方向的平面内振动且沿着传播动量方向的进动。同时，电磁场方向垂直于这个进动的平面

外部的能量如电磁波、光、热、摩擦、化学反应可以被原子吸收。这种吸收可以加速电子和原子核的自旋使它们相互远离。然而，并不是所有的能量都能被吸收，只有与电子和原子核的自旋产生共振从而能改变电子和原子核的自旋的才能被吸收。如果吸收的能量达到 $h\nu$ 的整数倍，那么电子将被激发到更高的能级上，例如 2s 轨道。接着，电子将跃迁回到低能级轨道并发出光。

上述电子相对于原子核的运动的描述，和"波动的配对电子"相互印证大致类似。

有了上述原子核的新模型和光子的新模型，就非常容易理解光电效应了。光的高起始向心速率 c_i 意味着成对电子的高波动频率 ν 和高动能 $\frac{1}{2}mc_i^2$（$>\frac{1}{2}mc_k^2$）。只有高频率（极限频率）的电子才能与金属的外层电子发生共振并引发光电效应。

2. 光的偏振

光的偏振现象早在 19 世纪初期就被发现了[30]。后来麦克斯韦发展了光的电磁理论[31,32]，并预测光也是电磁波。到现在为止，麦克斯韦的电磁理论被证实且一直在为世界服务。如果把光看作自旋配对的波动电子，那么偏振光的电场方向、传播方向、磁场方向之间的垂直关系如图 2.24 ~ 图 2.27 所示。根据图 2.24、图 2.26 和图 2.27，光的偏振是非常容易理解的现象了。

3. 维恩位移定律

维恩位移定律表明黑体最大辐射量的波长与自身热力学温度成反比[25]：

$$T\lambda_{\max} = b$$

式中，T 为热力学温度，$\lambda_{\max}$ 为辐射的最大波长，b 为一个常数。当温度升高时，意味着更多的热量被物质吸收，电子–原子核对相互之间的简谐振动频率将会增大。所以，就会吸收更大频率的能量才能与原子核–电子对产生共振，从而能相应地发射更大频率的电磁波。

4. 康普顿效应

20 世纪 20 年代，康普顿研究 X 射线及其与不同物质相互作用的散射角[33]。他发现部分散射线相对于入射线波长移向长波，并且当散射角增大时，波长的偏移也增大。随着散射角的增大，入射波长的谱线强度减小，散射谱线的强度增大。散射波长与所使用材料的原子序数无关，只与散射角 θ 有关。其他科学家所做的实验进一步证实了在同一散射角下，对于所有散射物质，波长的偏移都相同，但入射波长的谱线强度随散射物质的原子序数增大而增大，而散射波长的谱线最大强度位置与所使用的材料无关，例如 Mg、Al、Si、S、Mo[34]、Li、Be、

B、C、Na、K、Ca、Cr、Fe、Ni、Cu 等，但是散射波长的谱线强度却随着原子序数增大而减弱[35,36]。

康普顿提出了散射的量子理论并导出散射波长与入射波长的关系并预测了实验结果。

波动电子对理论不仅可以作为光的真实物理影象，对康普顿效应能很好的形象化诠释，而且可以互相印证。

首先，X 射线也是波动的高频振动的成对电子，它可以深入原子内部，与原子核–电子对共振从而能量被吸收。这就说明光子的性质和电子的性质非常相似，从一个侧面印证了光是波动电子对。

这种形式的共振与原子序数无关，只与散射角有关，这也从一个侧面说明，图 2.16 和图 2.17 中关于原子的内部结构的探索性研究是正确的。也就是说，因为电子和原子核的自旋角动量和自旋磁矩的相互作用，以及与地球磁场的相互作用，原子核–电子的简谐振动与外来 X 射线存在角度关系。同时，X 射线还有粒子性，该粒子性主要体现在与原子核之间的相互弹性碰撞。这也可以解释随着散射角增大，波长的偏移也增大，并且随着散射角的增大，入射波长的谱线强度减小，散射谱线的强度增大。

在固定散射角的情况下，当原子序数改变时，X 射线与原子的作用主要是由粒子性起作用。当原子序数增大时，原子半径增大，原子核的核电荷数也增大，因而与 X 射线发生弹性碰撞或者电场之间的相互作用增强。

由于 X 射线是谐振子，原子核–电子也是谐振子，当能量被吸收，散射光将具有比入射光低的波长，恰似物质产生的荧光一样，发射波长总比入射波长短。

5. 塞曼效应

1896 年，塞曼的实验证实，钠的 D 谱线通过磁场后会加宽[37]，从而进一步证实了洛伦兹的理论。在纵向的观察方向上，也就是顺着磁场的方向，观察到了对称的方向相反的圆偏振光。另一方面，在横向也就是与磁场垂直的方向上，分裂成三条线偏振光。

波动电子对理论可以给塞曼效应一个完美的解释（图 2.28）。在横向也就是垂直磁场的方向观察，只有与磁场方向平行的线偏振光能够通过磁场。从图 2.24 和图 2.26 已经看出，波动的成对电子周期性地相互靠近或者相互远离。在波峰上的一个电子的频率如果自旋产生一个与外部磁场相同的磁场，那么其自旋频率将得到加强（$\nu+\Delta\nu$），而另一个在波峰上的电子的频率则会产生一个与外部磁场相反的磁场，从而其频率就会得到抑制（$\nu-\Delta\nu$）。互相靠得很近的也就是在振动的水平线上电子对（波谷）则由于电磁场互相的抵消而频率不变。这就是塞曼效应中线偏振光三重线的由来。在纵向也就是顺着外部磁场的方向上观察，成对的两个电子由于其电磁场方向与外磁场方向是垂直的，不管它们是在振动的波峰还是波谷，这两个电子的自旋方向将被外部磁场缓慢调制，调制的频率与电子对的谐振相关，从而得到对称的两条圆偏振光。

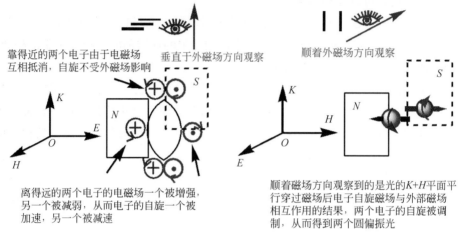

图 2.28　波动电子对理论对塞曼效应的解释

6. 旋光性

1817～1822 年，菲涅耳使用自己制作的棱镜发现了圆偏振光并提出了光的双折射理论[38]。一些介质能使入射线偏振光平面偏转的现象被称为旋光性。当入射线偏振光通过光活性物质时就会发生旋光。

在波动电子对理论中，光活性物质就是提供了一个由大量自旋的原子核产生的有序电磁场。如图 2.29 所示，可以看出作为波动的成对电子的入射线偏振光通过光活性物质时，两个电子的自旋分别得到加强或者减弱，从而入射线偏振光的电场-动量平面得以旋转。

7. 太阳使光线弯曲

1919 年，爱丁顿的探险队观测到了太阳的引力场使光线偏移的现象[39]。没有什么力有如此强大能使光线偏转。反过来，也只有光本身是带电粒子才能产生电场和磁场从而被另一个强大的电场或者磁场吸引。单靠中性粒子的万有引力，是不足以产生如此强大的引力场的。

研究证实太阳中富有氢[40-44]。太阳光谱与氢原子的发射光谱极其相似。Bethe 等[45-47]揭示能使太阳发光几十亿年的能量主要来自两个交替的循环，即质

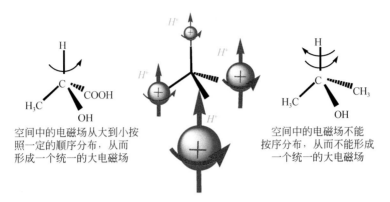

空间中的电磁场从大到小按
照一定的顺序分布，从而
形成一个统一的大电磁场

空间中的电磁场不能
按序分布，从而不能形成
一个统一的大电磁场

图 2.29　波动电子对理论可以很好地解释旋光性。正是由于存在图 2.14 和图 2.15 中的过剩
电磁场和角动量，手性物质的原子核在空间中才可以有序分布，从而可以形成一个大电磁场

子–质子循环和 CNO 循环，总的结果就是 $4{}_1^1\mathrm{H} \longrightarrow {}_2^4\mathrm{He} + 2{}_{+1}^0\mathrm{e} + 2{}_0^0\mathrm{v} + (2-3)\gamma$。值得
指出的是，太阳年龄已经达到 45 亿多年了[48]，氦却占太阳质量百分数不
多[49,50]。此外，作为波动的粒子，太阳光也是有质量的。太阳发光已经几十亿
年了。这就意味着太阳的质量一直在减少。但令人惊奇的是，太阳系内地球和其
他行星的轨道并没有被报道因为太阳的质量减少（重力自然减少）而发生明显
的变化。所以，非常有可能构成光的成对电子来自于氦，而太阳的内核必然与氦
原子核聚变产生了更大的电磁场和电场来弥补质量的缺失（引力的起源参见文献
[32]），同时能释放出成对的电子作为光子。

2.10　荧光、磷光、火光

物质吸收一定的能量时，这种能量可以是紫外–可见光，也可以是直流或交
流电、等离子体、摩擦产生的热、放射源等，有些物质可以发出荧光或磷光，这
种荧光和磷光一般在能量上比吸收的能量要低。

但是，我们要思考这样一个问题，即何为吸收？何为发射？我们知道，光也
是一种物质，那么当一种物质吸收了紫外–可见光后，如果发生了化学反应，那
么就说产生了新物质，也能鉴别这种新物质是什么。但是，目前为止，在荧光和
磷光发生后，并没有新物质被鉴别出来。只有性质没有发生什么改变的原物质。
那么，我们是不是可以说，紫外–可见光被吸收之后，紫外–可见光被消灭了呢？
而当荧光、磷光被释放出来后，又产生了新的物质呢？但是，根据能量守恒定

律，能量既不能被产生也不能被消灭，只能从一种形式转化为另一种形式。

　　"波动电子对"理论，可以让人们实实在在地观察和理解光作为物质的存在。而从后面的章节中可以很自然地得出结论，有机物中能量的吸收和荧光、磷光的发射其实就是电子对与有机物中的电子相互作用，吸收和发射都是对原有的激发能量的一种调谐，例如把紫外光调谐成各种颜色的可见光（图2.30）。

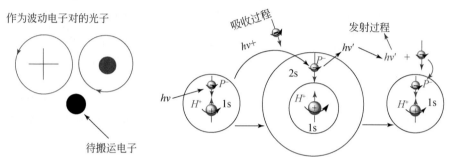

图2.30　根据能量守恒定律，荧光、磷光不能从物质中被制造和产生，只能由激发光本身在搬运电子的过程中被调谐成发射光。作为激发光，起搬运机的作用，在搬运的过程中，搬运机的能量改变，也就是被调谐，因为只是激发波长和发射波长不同而已，所以能量守恒定律被遵守。也就是说，光的吸收并不意味着激发光被消灭，而光的发射也不意味着新的光被制造出来。以氢原子的1s电子从1s轨道被激发到2s轨道，再发射原子光谱重新跃迁回到1s轨道为例，说明荧光、磷光等光的发射其实是激发光被调谐，只有这样，能量守恒定律才能被
严格遵守

　　让我们重新解释日常生活中几种类型的光的起源：

　　① 灯泡发光。爱迪生发明的灯泡，在回路中连接电阻丝，当电流通过时，电阻丝起到的是"短路"的作用，因而会产生大量热。只要电阻丝能承受住这种热而不至于断裂或者熔化，那么正向和反向电流在此汇合，就产生"波动电子对"，从而发光。

　　② 闪电来自云层，是正负电荷相互作用的结果。

　　③ LED或OLED中，发光来自于电子与空穴的结合。这种结合，可以理解成"波动电子对"的形成。

　　④ 摩擦时，一个物体带正电，一个物体带负电。在电子转移的过程中，自旋相反的电子结合成对从而形成发光。

　　⑤ 火光。火光这种最古老的光源，迄今为止并没有得到很好地解释。起火的物质可以有多种，例如氢气、木炭、镁条、甲烷、一氧化碳、乙炔等，但助燃的物质基本都是氧气。

$$2H_2+O_2 \longrightarrow 2H_2O+\Delta H$$
$$C+O_2 \longrightarrow CO_2+\Delta H$$
$$CH_4+2O_2 \longrightarrow CO_2+2H_2O+\Delta H$$

在上述化学反应方程式中，我们做到了原子个数的平衡，也就是反应前和反应后原子数量的等同。也做到了能量的平衡，也就是燃烧前和燃烧后物质内能的重新分布，造成热量的释放。但是如果联系第3章将要提到的氧气的结构，就能发现这些反应的不平衡之处：自旋磁矩和自旋角动量不守恒。

氧气由于其特殊的结构，是顺磁性物质（参见 3.2.2.1 小节）。也就是说，在氧气的外层电子排布中，有两个电子的自旋方向相同。这就使得氧气在外磁场存在下，自旋磁矩必须顺应外磁场，沿外磁场方向取向（图 2.31）。

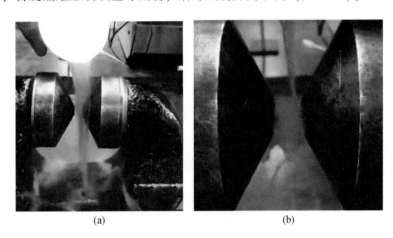

(a)　　　　　　　　　　　　　　(b)

图 2.31　（a）液氮倒入强磁场的间隙，不被吸引；（b）液氧倒入强磁场的
间隙时被吸住，说明液氧具有顺磁性

可以发现，燃烧反应的主要产物，二氧化碳和水中完全没有孤单电子，所有电子都配对了，所以二氧化碳和水都是抗磁性物质（图 2.32）。

根据图 2.30，荧光和磷光的产生必须遵循能量守恒和角动量守恒定律。氧气燃烧时，也必须同时遵循角动量守恒和自旋磁矩守恒，我们必须重新寻找火光的起源这一最古老的话题。对于人类最熟悉的火光，很轻易地制造出来，但是科学发展到今天，我们也必须认真地去追究其内在的原因。

为了满足能量守恒定律和角动量守恒定律，必须假设在燃烧的过程中，氧气中的两个未配对电子，环境给予一个或者氧原子自己夺取环境中的一个电子满足自旋配对。同时，另一个未配对电子释放到环境中，与环境中的另一个自旋相反

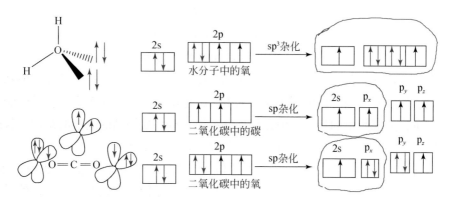

图 2.32　水分子和二氧化碳分子的结构和原子所采取的杂化状态

电子配对，以光的形式释放出来。这样不仅解释了火光这一奇妙的自然现象，而且重新诠释了燃烧的化学反应方程式。

因此，含氧反应的方程式可写为如下形式：

$$2H_2+O_2{}^{\uparrow\uparrow}+\downarrow\downarrow\longrightarrow 2H_2O+\Delta H+2h\nu(\uparrow\downarrow)$$

$$C+O_2{}^{\uparrow\uparrow}+\downarrow\downarrow\longrightarrow CO_2+\Delta H+2h\nu(\uparrow\downarrow)$$

$$CH_4+2O_2{}^{\uparrow\uparrow}+\downarrow\downarrow\longrightarrow CO_2+2H_2O+\Delta H+2h\nu(\uparrow\downarrow)$$

$$6CO_2+6H_2O+2h\nu(\uparrow\downarrow)\longrightarrow C_6H_{12}O_6+6O_2{}^{\uparrow\uparrow}+\downarrow\downarrow$$

参 考 文 献

[1] Newton I. The Principia: Mathematical Principles of Natural Philosophy. 1729 English translation. Beijing: Peking Uniersity Press, 2006.

[2] Rutherford E. The scattering of α and β particles by matter and the structure of the atom. Philos. Mag., 1911, 21: 669-688.

[3] Planck M. Vorlesungen über thermodynamik. De Gruyter, 1905.

[4] Bohr N. On the constitution of atoms and molecules. Philos. Mag. J. Sci., 1913, 26: 1-25.

[5] Heisenberg W. Über den anschaulichen inhalt der quantentheoretischen kinematik und mechanic. Z. Phys., 1927, 43: 172-198.

[6] Einstein A. Über einen die Erzeugung und Verwandlung des Lichtes betreffenden heuristischen Gesichtspunkt. Ann. Phys., 1905, 17: 132-148.

[7] De Broglie L. Recherches sur la théorie des quanta. Ann. Phys., 1925, 10: 22-128.

[8] Schrödinger E. Quantisierung als eigenwertproblem. Ann. Phys., 1926, 384: 361-376.

[9] Schrödinger E. Über das verhältnis der Heisenberg-Born-Jordanschen quantenmechanik zu der meinem. Ann. Phys., 1926, 384: 734-756.

［10］ Schrödinger E. Quantisierung als eigenwertproblem. Ann. Phys. , 1926, 385: 437-490.

［11］ Pauli W. Über den zusammenhang des abschlusses der elektronengruppen im atom mit der komplexstruktur der specktren. Z. Phys. , 1925, 31: 765-783.

［12］ Hund F. Zur deutung verwickelter spektren, insbesondere der elemente scandium bis nickel. Z. Phys. , 1925, 33: 345-371.

［13］ Hund F. Zur deutung verwickelter spektren II. Z. Phys. , 1925, 34: 296-308.

［14］ Koster G F. Extension of Hund's rule. Phys. Rev. , 1955, 98: 514-515.

［15］ Karayianis N, Morrison C A. Physical basis for Hund's rule. Am. J. Phys. , 1964, 32: 216-220.

［16］ Katriel J. An interpretation of Hund's rule. Theor. Chem. Acc. , 1972, 26: 163-170.

［17］ Nernst W. Ueber die berechnung chemischer gleichgewichte aus thermischen messungen, Nachrichten von der Gesellschaft der wissenschaften zu Göttinggen. Mathematisch-Physikalische Klasse, 1906: 1-40.

［18］ Planck M. Über neuere thermodynamische theorien (Nernstches Wämetheorem und Quanten Hypothese) . Berichte Der Deutsc Hen Chemischen Gesellschaft, 1912, 45: 5-23.

［19］ James H, Bartlett Jr. Nuclear spin. Phys. Rev. , 1931, 37: 327-327.

［20］ Goudsmit S. Nuclear magnetic moments. Phys. Rev. , 1933, 43: 636-639.

［21］ Grace N S. Nuclear moments and their dependence upon atomic number and mass number. Phys. Rev. , 1933, 44: 361-364.

［22］ Watson W. A dtermination of the value of the earth's magnetic field in international units and a comparison of the results with the values given by the Kew observatory standard instruments. Philos. Trans. Royl Soc. A: Math, Phys. Eng. Sci. , 1902, 198: 431-462.

［23］ Chapman S. The main geomagnetic field, Nature, 1948, 161: 462-464.

［24］ Einstein A. Zur elektrodynamik bewegter körper. Annalen Der Physik, 1905, 17: 891-921.

［25］ Wien W. Grenze Die obere, Wellenlängen der, welche in der Wärmestrahlung fester Körper vorkommen können: Folyerungen aus dem zweiten hauptsatz der Wärmetheorie. Annalen der Physik, 1893, 285: 633-641.

［26］ Tang C W, Vanslyke S A. Organic electroluminescent diodes. Appl. Phys. Lett. , 1987, 51: 913-915.

［27］ Hertz H. Ueber einen einfluss des ultravioletten lichtes auf die electrische entladung. Annalen Der Physik, 1887, 267: 983-1000.

［28］ Lenard P. Ueber die elektricitätszerstreuung in ultraviolet durchstrahler luft. Annalen Der Physik, 1900, 308: 298-319.

［29］ Heisenberg W. Über den anschaulichen inhalt der quantentheoretischen kinematik und mechanic. Z. Phys. , 1927, 43: 172-198.

［30］ Malus E L. Ueber die erscheinungen, welche die zurückwerfung und die brechung des lichts begleiten. Annalen Der Physik, 1812, 40: 119-131.

[31] Maxwell J C. A dynamical theory of the electromagnetic field. Philos. Trans. R. Soc. , 1865, 155: 459-512.

[32] Maxwell J C. On a method of making a direct comparison of electrostatic with electromagnetic force; with a note on the electromagnetic theory of light. Proc. R. Soc. , 1867, 16: 449-450.

[33] Compton A H. A quantum theory of the scattering of X-rays by light elements. Proc. Natl. Acad. Sci. , 1923, 18: 483-502.

[34] Woo Y H. The compton effect and tertiary X-radiation. Physics, 1925, 11: 123-125.

[35] Davis B. Note on the dependence of the intensity of the compton effect upon the atomic number. Phys. Rev. , 1925, 25: 737-739.

[36] Hine G J. Scattering of secondary electrons produced by γ-rays in materials of various atomic numbers. Phys. Rev. , 1951, 82: 755-756.

[37] Zeeman P. VII. Doublets and triplets in the spectrum produced by external magnetic forces, Philos. Mag. J. Sci. , 1897, 45: 55-60.

[38] Fresnel A. Mémoire sur (la loi) les modifications que la réflexion imprime a la lumière polarisée. Mém Acad. , 1823, 11: 393-433.

[39] Thompson J, Dyson F, Crommelin A C, et al. The reflection of light by gravitation and the Einstein theory of relativity. The Scientific Monthly, 1920, 10: 79-85.

[40] Russell H N. On the composition of the sun's atmosphere. Astrophys J. , 1929, 70: 11-82.

[41] Russell H N. Stellar energy. Proc. Am. Philos. Soc. , 1939, 81: 295-307.

[42] Sitterly C M. The composition of the sun. Proc. Am. Philos. Soc. , 1939, 81: 125-133.

[43] Ross J E. Aller L H. The chemical composition of the sun. Science, 1976, 191: 1223-1229.

[44] Mohan A, Dwivedi B N. Composition of the solar atmosphere. Curr. Sci. , 2004, 86: 921-929.

[45] Bethe H A. Energy production in stars. Phys. Rev. , 1939, 55: 434-456.

[46] Bahcall J N, Fukugita M, Krastev P I. How does the sun shine. Phys. Let. B, 1996, 374: 1-6.

[47] Bellini G, Benziger J, Bick D, et al. Precision measurement of the ^{7}Be solar neutrino interaction rate in Borexino. Phys. Rev. Lett. , 2011, 107: 141302.

[48] Guenther D B. Age of the sun. The Astrophysical J. , 1989, 339: 1156-1159.

[49] Gaustad J E. The solar helium abundance. The Astrophysical J. , 1964, 139: 406-408.

[50] Lambert D L. Abundance of helium in the sun. Nature, 1967, 215: 43-44.

第3章 有机分子的结构

3.1 引 言

有机化合物是含碳化合物（CO、CO_2、碳酸盐等少数简单含碳化合物除外）或碳氢化合物及其衍生物的总称。组成有机化合物的元素主要有碳、氢、氮、氧、硫、磷、卤素、硼、硅、锡、硒等。有机化合物作为配体还可以和金属元素络合形成金属有机配合物（或称金属有机螯合物、金属有机络合物）。金属配合物的性质由金属离子和配体共同作用，主要体现是其熔沸点普遍比无机化合物的低很多。

3.2 有机分子的结构和化学键

有机分子吸收能量之后会产生光发射。光发射主要分为荧光发射和磷光发射。要研究有机化合物与能量的相互作用，必须先了解有机化合物的结构。也就是说元素周期表中以碳为核心的诸多元素种类的原子，是如何相互结合在一起构成种类众多、数量非常庞大的有机分子的。

3.2.1 价键理论和分子轨道理论

价键理论和分子轨道理论可以解释有机分子的形成与结构。

价键理论主要由海特勒（Heitler）和伦敦（London）共同提出。

1927 年，德国物理学家 Heitler 和 London 合作用量子力学解释了氢分子中的电子对键[1]。每个氢原子上仅有一个电子，当两个氢原子接近时，每一个氢原子核吸引另一个氢原子核上的电子，如果两个电子的自旋方向相反，就会形成两个原子共有的电子云，而且这一体系的能量小于两个孤立的氢原子的能量和，因而两个氢原子就以这种稳定的电子云，也称为共价键的形式形成氢分子。共价键具有距离（键长）和能量（键能），其计算结果和实验结果非常接近，因此成为处理原子之间的键的第一个成功的方法，这种方法称为价键理论（valence bond theory）。

把价键理论应用到其他双原子分子和多原子分子，可以总结如下：

①两个原子的价层轨道上的不成对电子可以通过自旋反平行的方式配对成一个共价键。进而，如果原子有两个或三个未成对电子，那么可以形成双键或三键。

②如果一个原子的未成对电子已经配对，就不能再与其他原子的未成对电子配对。这就是共价键的饱和性。

③电子云重叠越多，形成的键越强，即共价键的键能与原子轨道的重叠程度成正比。因此，要尽可能在电子云密度最大的地方重叠，这就是共价键的方向性。

价键理论认为，由于电子云重叠的方式不同，形成的键也就不同，主要有两种形式的键：σ 键和 π 键。原子轨道沿着电子云密度最大的键轴方向重叠所形成的键为 σ 键，σ 键沿键轴呈圆柱形对称。两个 p 轨道沿侧面“肩并肩”重叠在一起所形成的键为 π 键。π 键的基本特点是有一个通过连接 2 个原子的键轴的节面，成键电子的电子云在节面两侧呈面对称。因此，π 键的电子云重叠程度较小，而且两个 p 轨道不能沿双键轴反向旋转或者同向非同速旋转，没有 σ 键稳定。一般来说，共价单键都是 σ 键，共价双键包括一个 σ 键和一个 π 键，共价三键包括一个 σ 键和两个 π 键。

初期价键理论揭示了原子组成分子的共价键的性质和特点，但在解释分子的空间结构时遇到了困难，例如氨分子和水分子的结构。氮原子和氧原子的轨道排布如图 3.1 所示。

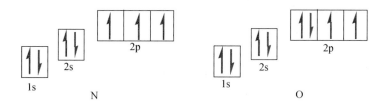

图 3.1　氮原子和氧原子的外层电子轨道排布，轨道的阶梯形代表能量的高低不同（下同）

从图 3.1 可以很清楚地看到，氮原子有三个成单的外层电子，此外三个 p 轨道在空间两两互相垂直。氧原子有两个成单电子，两个填充单电子的 p 轨道在空间也是互相垂直。按照价键理论，三个氮氢键和两个氧氢键互成 90°。但实际测定水分子中两个氧氢键和氨分子中三个氮氢键的键角分别为 104.5° 和 107.3°。

因此，1931 年鲍林[2]提出了杂化轨道的概念：能量相近的轨道可以进行杂化，组成能量相等的杂化轨道，这样可以使体系能量进一步降低，成键能力更强，成键后达到最稳定的分子状态。

如图 3.2 所示，氮、氧、碳原子在形成氨、水和甲烷分子时的轨道均采取 sp^3 杂化方式，得到四个能量一致的杂化轨道。显而易见，由于电子对之间的排斥作用，必然要使这四个杂化轨道在空间中最大限度地分开，而不是靠近，才能使电子对之间的排斥力最小，这样有且仅有一种方式，那就是四面体分布，这是使分子达到最低的能量自然而然地采取的一种方式。不过在氮和氧中，分别有一对和两对孤对电子占据了一个和两个杂化轨道，这也解释了这三种分子的键角都接近 $109°28''$。

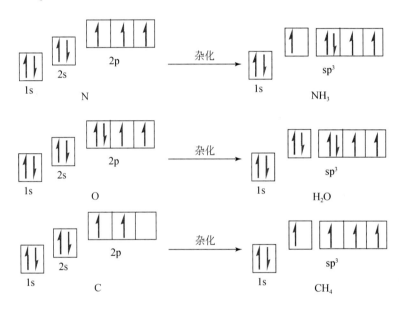

图 3.2　氮、氧、碳原子在形成氨、水和甲烷分子时的轨道均为 sp^3 杂化

鲍林不仅维护和发展了价键理论，还发展了共振论和分子生物学。他因在价键理论方面的成绩而获得了 1954 年的诺贝尔化学奖。

价键理论如此简单有效，至今在有机化学的教学中仍被广泛、方便地使用。在进行大部分有机合成与反应设计、解释多数有机化学反应现象等时，用得最多的就是价键理论。鲍林提出的电负性、共价半径、共振论等概念在有机化学领域中仍然有效。

分子轨道理论的基本观点是把分子看作一个整体，其中电子不再从属于某一个原子而是在整个分子的势场范围内运动，其运动状态可以用原子轨道线性组合而成的分子轨道（波函数）Ψ 来描述（图 3.3）。分子轨道理论的创立者为马利肯[3]和洪德[4]，之后由休克尔[5]、罗特汉[6]和福井谦一[7]等完善。其中马利肯和福井谦一分别获得 1966 年和 1981 年的诺贝尔化学奖。

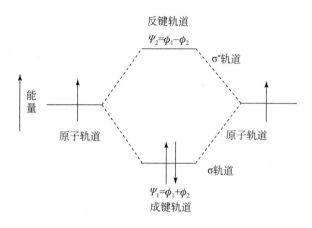

图 3.3　氢分子基态的电子排布

　　原子轨道组成分子轨道时必须具备对称性匹配、能量相似和电子云最大重叠三个条件（图 3.4）。其中对称性匹配是首要条件，决定原子轨道有无组合成分子轨道的可能。能量相近原则和电子云最大重叠原则决定原子轨道组合成分子轨道的效率问题。

　　①对称性匹配原则。只有对称性相同的原子轨道才能组合成分子轨道，原子轨道的对称性指原子轨道在不同区域的波函数有不同的符号。只有符号相同对称性才相同，才能进行有效重叠。

　　②在对称性匹配后，只有能量相近的原子轨道才能组合成有效的分子轨道，而且能量越相近越好。

　　③电子云最大重叠原则。对称性匹配的两个原子轨道进行线性组合时，其电子云重叠程度越大，组成的分子轨道能量越低，形成的化学键越牢固。

　　分子轨道理论和价键理论一样，都认为电子在分子轨道中的排布也遵守与原子轨道电子排布同样的规则，即泡利不相容原理、最低能量原则和洪德定则。此外，两者都使用了量子力学理论，都用到了原子轨道的概念，而且都认为，原子轨道的重叠度越大，键越强。在处理具体分子时，这两种理论所用的原始基函数——原子轨道是相同的，并且都是用变分法来处理。不同处仅在于分子轨道理论先经过了一次原子轨道的组合，把它变为非定域的原子轨道。

　　但事实上，电子在分子中的排布和运动方式有且只有一种。就像宏观世界

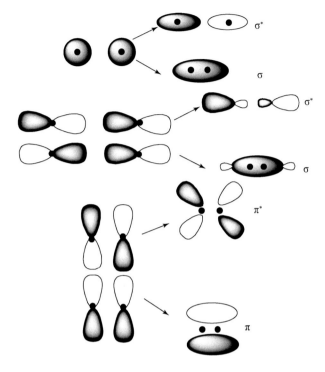

图 3.4　原子轨道形成分子轨道时的 σ、σ*、π 和 π* 轨道形状示意图

中，一个人可以坐火车、坐飞机、坐汽车、骑自行车、骑摩托车、步行等，但这个人是不可能同时乘飞机又坐火车的。微观世界的粒子在分子中的运动形式有且只有一种。这是普遍规律，只是关于微观世界粒子运动的普遍规律，我们认识的程度还不够，所以要用到多种理论来解释和说明。我们可以把这条原理称为"粒子单一运动方式"原理。

3.2.2　用价键理论解释分子结构的实例

3.2.2.1　氧分子的顺磁性

下面列出分子轨道理论对几种简单分子的成键解释及本书作者的新解释。

氧分子的顺磁性问题。传统的观点认为，根据价键理论，氧分子看起来有两个单电子，在一起配对成键应该是自旋相反，所以应该是反磁性。但实验证实，氧分子具有顺磁性。根据分子轨道理论，氧分子的电子组态如图 3.5 所示。

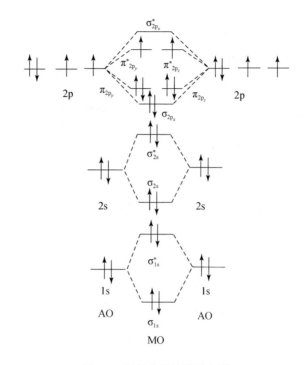

图 3.5　氧的分子轨道排布图

　　氧的分子轨道排布也可以写为：$KK(\sigma_{2s})^2(\sigma_{2s}^*)^2(\sigma_{2p_x})^2(\pi_{2p_y})^2(\pi_{2p_z})^2(\pi_{2p_y}^*)^1$ $(\pi_{2p_z}^*)^1$，其中 $(\pi_{2p_y}^*)^1(\pi_{2p_z}^*)^1$ 中每个 π 反键轨道上只有一个单电子，根据分子磁性的定义，只要有未成对电子就有顺磁性，所以氧分子具有顺磁性。

　　经仔细考察，作者发现根据价键理论完全可以解释氧分子的顺磁性，与分子轨道的处理结果是一致的。

　　氧原子在组成氧分子时，2s 轨道上的一个电子被激发跃迁到 2p 轨道。接着，2s 轨道上剩余的电子将和 2p 轨道上的电子形成杂化轨道。有两种选择：sp^2 杂化或者 sp 杂化（图 3.6）。sp^2 杂化容易理解，即 2s 轨道上剩余的一个电子，与 2p 轨道上的两对已配对电子形成 sp^2 杂化轨道，这样，两个氧原子利用 sp^2 杂化轨道上的单电子形成一个 σ 键，剩余 p_z 轨道上的两个单电子就可以互相配对且垂直于 sp^2 杂化轨道组成的平面三角。但这样得到的氧分子将没有单电子，不具有顺磁性，与事实不符。

　　所以，两个氧原子组成一个氧分子时，将采取 sp 杂化，组成一个直线型分子。这样，sp 杂化轨道的两个单电子组成一个 σ 键，sp 杂化轨道的两对孤对电子不成键，位于两个氧原子的两侧。同时，两个氧原子还有 2p 轨道的两对孤对

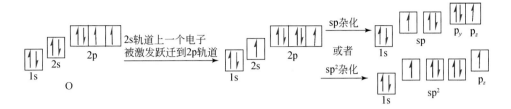

图 3.6 氧原子组成氧分子时，既可以 sp 杂化也可以 sp² 杂化

电子和两个单电子，并在空间中以与这根 σ 键都垂直的方式呈现。此时两个氧原子的单电子如果自旋相反并以肩并肩的 p 轨道重叠形式配对成 π 键，那么必然导致另外两个氧原子上的孤对电子也以肩并肩的方式在空间排列，这样两个氧原子相互间的孤对电子的排斥力将非常大，导致能量升高。而且即使另外两个单电子形成 π 键，导致分子能量降低，也不足以抵消这种能量升高。在这种情况下，两个氧原子上的 p_y 和 p_z 轨道上的单电子必须自旋相同，从而拒绝成键。接着为了使体系的能量最低，两个单电子分别与两对孤对电子肩并肩排列，从而形成了两个 Π_2^3 键。这种 Π_2^3 键既具有 π 键性质，同时电子云重叠又不充分，属于松散性成键，从而导致氧分子 Π_2^3 键的一个电子本质上是孤单的未配对的，从而具有顺磁性。由于两对孤对电子没有肩并肩排列，体系的总能量还是比自旋配对的低（图 3.7）。

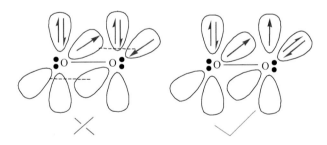

图 3.7 本书作者对氧分子顺磁性的价键理论解释——孤对电子的排斥作用，使得其分布在两个垂直的 p 轨道上，从而两个单电子自旋方向相同且分布在两个垂直的 p 轨道上

实际上，这种价键理论的处理结果与分子轨道理论的处理结果是一致的，即氧分子的顺磁性均为 2p 轨道上的两个未成键电子引起。但是，价键理论得出的结果更形象，可以很直观地看出，两个单电子处于相互垂直的 2p 轨道上。

氧气的这种结构，与本书后续介绍的分子的磷光三线激发态形成时的电子构型相同，而这就是氧气能猝灭磷光的根本原因！后续还会详细阐述。

同样的，价键理论也适用于臭氧和二氧化碳。在臭氧中，中间的氧原子采取 sp^2 杂化，两边的两个氧原子采取 sp 杂化。sp^2 杂化后的两个单电子与两边的两个氧原子构成两个 σ 键，键角为 116.8°。两边的两个氧原子各余一个单电子，中间的氧原子余两对孤对电子，最终的结果是中间的氧原子拿出一对孤对电子与两边的氧的两个单电子组成一个 Π_3^4 键（图 3.8）。

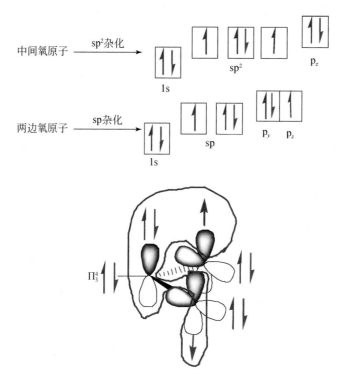

图 3.8　臭氧分子中氧原子的杂化方式和 Π_3^4 键的形成

在二氧化碳中，碳氧键的键长为 116pm，介于丙酮中碳氧双键的 124pm 和一氧化碳中的碳氧三键 112.8pm 之间（乙醇中的碳氧单键为 148pm）。所以，在二氧化碳中，碳原子采取 sp 杂化，两边的两个氧原子亦采取 sp 杂化，而不是 sp^2 杂化。碳原子 sp 杂化后的两个单电子与两个氧原子 sp 杂化后的两个单电子组成两个 σ 键，然后中间碳所余的 p_y 和 p_z 轨道上的两个单电子再分别与两边氧原子上的一对孤对电子和一个成单电子组成两个 Π_3^4 键（图 3.9）。

从臭氧和二氧化碳的价键理论分析可知，两边的两个氧原子在与另一个氧原子成键时，不采取 sp^2 杂化，而是采取 sp 杂化。这与氧气中的氧原子构型一致，从而说明了氧气顺磁性产生的结构上的原因。

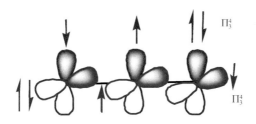

图 3.9　二氧化碳分子中氧原子的杂化方式和 Π_3^4 键的形成

3.2.2.2　氦分子离子

氦分子离子的问题。

$$He^+ + He + He \longrightarrow He_2^+ + He$$

如图 3.10 所示，如果氦分子存在，那么它的分子轨道中在成键轨道和反键轨道各填充一对电子，故反键轨道提高的能量和成键轨道下降的能量相等，分子的总能量并没有下降，和原子单独存在时一样。所以，He_2 不存在，键级为零，氦原子间不能生成化学键。

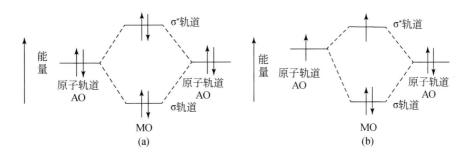

图 3.10　（a）He_2 理论上应该有的分子轨道；（b）He_2^+ 的分子轨道

但是，根据分子轨道理论，氦分子离子是可以存在的。因为反键轨道上只填充了一个电子，键级为 1/2，形成氦分子离子后，能量下降很多。所以，当生成氦分子离子后，分子下降的能量使氦分子离子得以生成并稳定存在。

迄今为止，氦分子离子的存在被作为分子轨道理论的一个成功案例，解释了价键理论不能解释的问题。

但本书作者并不这么认为。下面简单说明。首先，要用价键理论说明氦分子不存在。在氦原子中，两个电子已经在 1s 轨道上自旋配对，如果让两个氦原子成键，必须首先把这对电子拆开，这要消耗能量。如果要跃迁到 2s 轨道上，那么四个成单电子也是不可以成键的，因为这样做的结果是在平行的方向上有两根 σ 键，虽然从传统的价键理论里找不到不允许这样做的根据，但两根 σ 键如果重叠在一起，相互之间的排斥力是非常大的，确实是不允许的。那么，1s 轨道上的电子是否可以激发到 2p 轨道上去？答案也是不行，因为能量相差太大。这样，价键理论也排除了氦分子存在的可能。

当中性氦分子不存在时，氦分子离子的制备也就不可能从氦分子上移除一个电子得到。那么，我们首先必须先得到氦离子，然后再生成氦分子离子。因为氦离子的能量很高，当遇到氦原子时，很容易夺得其上的电子而自行成键，那么被夺得电子的这个氦原子上的另一个电子也就离域在形成的氦分子离子上，即同时属于两个氦原子，而不属于某一个原子。从这个层面上说，价键理论的处理结果和分子轨道理论处理结果也是一样的。这个电子就是分子轨道理论中的 σ_{1s}^* 上的那个电子。查阅文献，氦分子离子也正是从实验上这样被制备出来的[8]。

3.2.2.3　CO 的结构

应用价键理论，CO 的结构解释如图 3.11 所示。

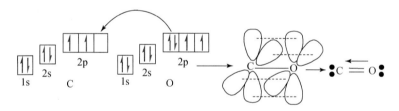

图 3.11　用价键理论解释 CO 的结构

碳原子和氧原子的原子轨道都没有进行杂化，氧原子 2p 轨道上的一对孤对电子，填充进入碳原子的一个空 2p 轨道形成 σ 键。然后碳原子和氧原子相互垂直的 2p 单电子肩并肩形成两个 π 键。这种结构与 CO 的键能（1072kJ/mol）大、键长（112.8pm）短和偶极矩小的实验结果相吻合，比 CO_2 中的碳氧键长（116pm）短、键能（531.4kJ/mol）大，证明其有一定程度的叁键特征。

CO 的分子轨道理论处理结果与价键理论的处理结果类似。从图 3.12 可以看出，碳的电负性比氧的小，因此原子轨道的能量高些。成键分子轨道中，有 1 个 σ 键和 2 个 π 键。

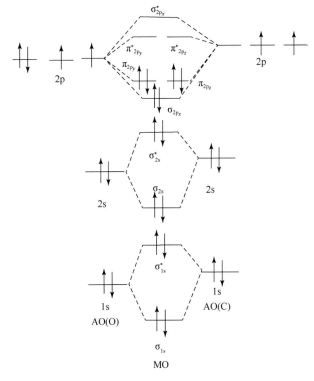

图 3.12　CO 分子轨道理论解释

3.3　过渡金属有机配合物的结构和化学键

金属有机配合物的成键理论主要有价键理论、晶体场理论和分子轨道理论。

3.3.1　价键理论

配合物是具有孤对电子给体性质的配位体和具有接受电子对性质的中心原子（通常是金属）组合而成的。配位体的孤对电子进入中心金属的空的杂化轨道，从而形成 σ 配位键。中心金属的空轨道数即是配位数。以三价铁离子为例，其形成 $[FeF_6]^{3-}$ 和 $[Fe(CN)_6]^{3-}$ 时的成键情况如图 3.13 所示。

其中，$[FeF_6]^{3-}$ 成键时，三价铁离子的 3d 轨道上的电子排布不发生变化，仅用外层的空轨道 4s、4p、4d 进行杂化形成能量相同、数目与配体的孤电子对相等的轨道，然后氟离子的孤对电子填充进来组成配位键，这类化合物称为外轨

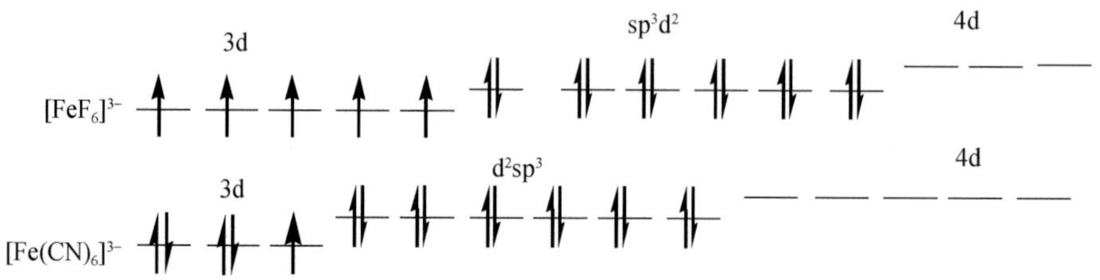

图 3.13　三价铁离子与氟离子和氰离子生成 $[FeF_6]^{3-}$ 和 $[Fe(CN)_6]^{3-}$ 时的轨道电子排布

配合物。由于外轨配合物的杂化轨道能量高，而且配体的电子对由于在电负性较大的卤素离子上，不容易给出，所以键能小、不稳定，在水中易解离。配合物中心离子 3d 轨道上的单电子多，呈现顺磁性。

$[Fe(CN)_6]^{3-}$ 成键时，三价铁离子的 3d 轨道上的电子排布发生重大变化，3d 轨道上的单电子被强行配对，腾出能量较低的两个 3d 轨道与一个 4s、三个 4p 轨道杂化，形成能量相等、数目与配体的孤电子对相同的杂化轨道来接受配体的孤电子对形成配位键，这类化合物称为内轨配合物。内轨配合物由于中心离子生成的杂化轨道能量低，配体易给出电子对，所以键能大、稳定，在水中不易解离。配合物中 3d 轨道上的单电子少，顺磁性减弱甚至呈反磁性。

同一种中心离子，之所以有时形成内轨配合物有时形成外轨配合物，关键在于配体给出电子的难易。卤素、氧等电负性较大，不易给出电子对，是弱场，得到外轨配合物。含碳、氮的配体电负性小，容易给出电子对，是强场，得到的是内轨配合物。

下面再举几个过渡金属有机配合物的例子（图 3.14 ~ 图 3.17）。

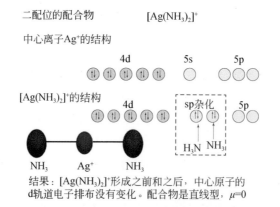

二配位的配合物　　　　　$[Ag(NH_3)_2]^+$

中心离子 Ag^+ 的结构

$[Ag(NH_3)_2]^+$ 的结构

结果：$[Ag(NH_3)_2]^+$ 形成之前和之后，中心原子的 d 轨道电子排布没有变化。配合物是直线型，$\mu=0$

图 3.14　$[Ag(NH_3)_2]^+$ 的构型和轨道电子排布

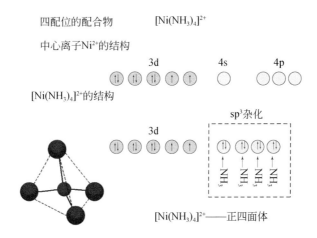

图 3.15 $[Ni(NH_3)_4]^{2+}$ 的构型和轨道电子排布

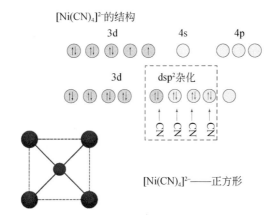

图 3.16 $[Ni(CN)_4]^{2-}$ 的构型和轨道电子排布

价键理论解释配合物时，概念明确，模型具体，易于理解和接受，可以解释配合物的几何构型和某些化学性质及磁性。缺点是不能定量地说明配合物的性质，如颜色、电子光谱和激发态性质。

实际上，从后面晶体场理论和分子轨道理论的讨论中可以看到，当时的价键理论只考虑了配体的孤对电子对金属离子空轨道的填充和成键作用，以及成键的杂化轨道的形状，从而依据杂化轨道的多少和形状解释了配合物的空间构型，而忽略了其他未成键的 d 轨道上的电子与配体成键的电子对以及配体未成键的 p 轨道上的电子与配体空轨道之间的作用。而这些作用可以用价键理论来解释。所

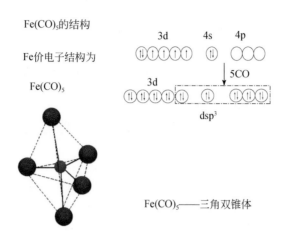

图 3.17　Fe(CO)$_5$的构型和轨道电子排布

以，价键理论仍然是基础。如果把这些作用都考虑得很全面，价键理论、晶体场理论和分子轨道理论是可以三合一的。

3.3.2　晶体场理论的要点

①把中心金属离子看作带正电的点电荷，把配体看作带负电的点电荷，只考虑正负电荷间的静电作用，不考虑任何共价键。

②中心金属离子的电子与配体电子间相互排斥，由于配体围绕金属离子的分布具有方向性，因此在配体静电场的作用下，中心金属离子简并的五个 d 轨道能级发生分裂，分裂能的大小与配位场构型以及配体、中心金属离子的性质有关。

③中心金属离子 d 轨道上的电子重新分布，优先占有能量低的 d 轨道，进而获得额外的晶体场稳定化能（crystal field stabilization energies，CFSE），从而导致体系能量降低，配合物更稳定。

实际上，这三条原则和价键理论并无矛盾之处，中心思想就是电子的排斥力导致能级的分裂。

从图 3.18 可以看出，d 轨道的电子云在空间的分布并不一致。其中 d_{z^2} 和 $d_{x^2-y^2}$ 主要分布在 x、y、z 轴上。d_{xz}、d_{yz}、d_{xy} 轨道的电子云主要分布在 x、y、z 轴之间。在八面体配合物中，配体的孤电子对主要分布在八面体的八个顶点上，与 d_{z^2} 和 $d_{x^2-y^2}$ 轨道上的电子相互作用比较大。与 d_{xz}、d_{yz}、d_{xy} 轨道上的电子相互作用较小，因此在八面体场中，d 轨道分裂成两组。d_{z^2} 和 $d_{x^2-y^2}$ 轨道称为 e_g 轨道，能量升高；d_{xz}、d_{yz}、d_{xy} 轨道称为 t_{2g} 轨道，能量下降。二者的能量差称为分裂能 Δ_o。

（图 3.19）。根据"重心平衡原理"，上升的总能量等于下降的总能量。对于"重心平衡原理"，应该辩证地看，在中心金属离子与配体的相互作用中，不仅中心金属离子的 d 轨道能量发生变化，而且配体的能量也应该有所变化，最后的结果应该遵守更大的定律：能量守恒定律。但鉴于配体孤对电子填充的都是能量均一化的对称度高的场，配体的能量变化可以忽略。所以重心平衡原理本质上是能量守恒定律。

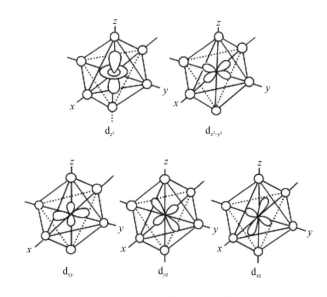

图 3.18 八面体场中的 d 轨道

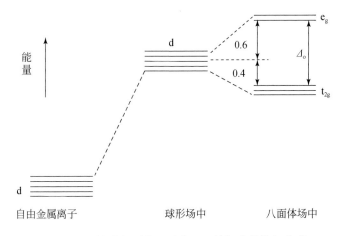

图 3.19 d 轨道的形状以及在八面体场中的能级分裂

分裂能的大小与下列因素有关：

①配合物的几何构型。例如，平面正方形场>八面体场>四面体场，$\Delta_o = 9/4\Delta_t$。

②金属离子的电荷。金属离子的电荷增加，Δ 值增加。这是由于随着金属离子电荷的增加，金属离子的半径减小，因而配体更靠近金属离子，从而对 d 轨道产生的影响增加。例如，$Fe(H_2O)_6^{2+}$ 的分裂能为 $10400cm^{-1}$，而 $Fe(H_2O)_6^{3+}$ 的分裂能为 $13700cm^{-1}$。

③金属离子 d 轨道的主量子数。分裂能随着 d 轨道的主量子数的增加而增大。这主要是因为随着主量子数的增加，d 轨道离原子核越来越远，容易变形，因而容易受到配位场的作用，如下表所示。

配合物	$Co(NH_3)_6^{3+}$	$Rh(NH_3)_6^{3+}$	$Ir(NH_3)_6^{3+}$
轨道	3d	4d	5d
Δ_o/cm^{-1}	23000	33900	49000

④配体的性质。

经实验测得的一些常见配体的分裂能从小到大排列如下：

$CO，CN^- > NO^{2-} > en > NH_3 > py > H_2O > F^- > OH^- > Cl^- > Br^-$

下表为示例。

配合物	CoF_6^{3-}	$Co(H_2O)_6^{3+}$	$Co(NH_3)_6^{3+}$	$Co(CN)_6^{3-}$
Δ_o/cm^{-1}	13000	18600	23000	34000

然而，晶体场理论还不能完整解释光谱化学序，如 HO^- 和 H_2O 相比具有负电荷，应该场强比 H_2O 高。对此，分子轨道理论可以有更合理的解释。

d 电子在配合物中，除了受到配体影响轨道能量不同而产生分裂能外，还有电子成对能 (P)。电子成对能就是 d 轨道上的电子由分离而配对时，为了克服静电场的排斥作用所需的能量。也就是两个单电子为了自旋成对，挤占在同一轨道上所必须付出的能量。综合分裂能和电子成对能，可知 d 轨道上的电子是尽量占据分立轨道还是自旋成对，也就是配合物是高自旋、顺磁性还是低自旋、反磁性。当配体为强场时，如 CN^-、NO^{2-}、CO 时，$\Delta_o > P$，电子尽量填充在低能级轨道上，体系能量较低，此时中心离子的状态是低自旋。当配体为弱场时，如 I^-、F^-、H_2O，$\Delta_o < P$，电子尽可能填充较多的 d 轨道，体系的能量较高，中心离子的

状态是高自旋。

　　晶体场理论可以较好地解释过渡金属有机配合物的颜色、磁性质以及姜-泰勒效应。

　　例如，$[Ti(H_2O)_6]^{3+}$的颜色为紫红色，是因为中心离子 Ti^{3+} 中有一个电子吸收蓝绿色从 t_{2g} 轨道被激发到 e_g 轨道。而不同金属离子的水合离子，即使配体相同，但由于 t_{2g} 轨道和 e_g 轨道的能量差不同，也会显示不同颜色。又如 $[Sc(H_2O)_6]^{3+}$ 和 $[Zn(H_2O)_6]^{2+}$，由于 Sc^{3+} 中 d 轨道上没有电子（全空），而 Zn^{2+} 的 d 轨道上电子均已自旋配对（全满），不能被激发，所以这两个化合物不显颜色。再如 $[CoF_6]^{3-}$（d^6 构型）为顺磁性，其分裂能小于电子成对能，d 轨道电子处于高自旋状态（图 3.20）。

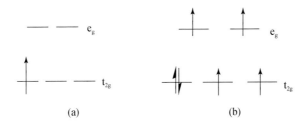

图 3.20　（a）解释 $[Ti(H_2O)_6]^{3+}$ 的颜色，t_{2g} 轨道上的一个电子被激发到 e_g 轨道，

（b）解释 $[CoF_6]^{3-}$ 的磁性，有四个单电子

　　晶体场理论考虑了配体与中心离子 d 轨道电子的相互作用而引起的 d 轨道电子的能级分裂，也考虑了电子成对能，因而在价键理论的基础上发展了一步。本书作者认为，价键理论和配位场理论并无矛盾的地方，前者以配体的孤对电子填充到中心金属离子的空的杂化轨道，从而形成配位键为主要考量；后者以配体与中心金属离子的相互作用，从而引起 d 轨道电子的能级分裂为主要考量。二者考量的对象不同，因而侧重点不同，完全可以把二者合而为一。

　　图 3.21 分别为 $[FeF_6]^{3-}$ 和 $[Fe(CN)_6]^{3-}$ 中既考虑到配体上的孤对电子填充在 sp^3d^2 和 d^2sp^3 空轨道上形成配位键，又考虑到配体上的孤对电子和中心离子 d 轨道上的电子相互作用使五个 d 轨道能级分裂的情况。从图 3.21 右边可知配合物的空间构型，从图 3.21 左边可以考虑配合物的磁性与涉及 d 轨道电子的激发态。再如 $[Ti(H_2O)_6]^{3+}$ 分子的成键情况如图 3.22 所示。

　　更形象地把价键理论和晶体场理论结合起来如图 3.23 所示。

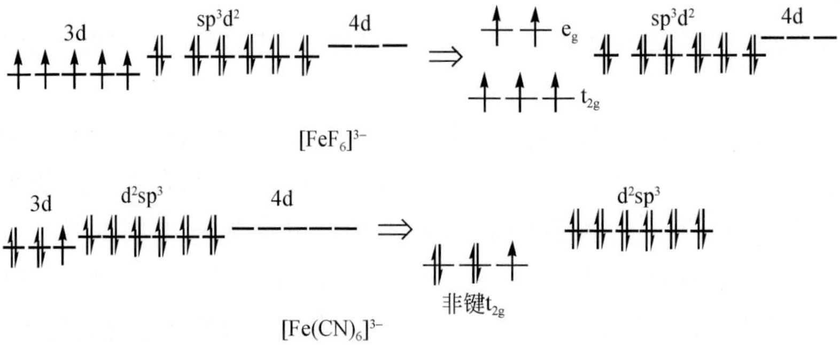

图 3.21　将价键理论和晶体场理论综合起来考虑 $[FeF_6]^{3-}$ 和 $[Fe(CN)_6]^{3-}$ 的轨道电子排布与填充，以及 d 轨道的能级分裂

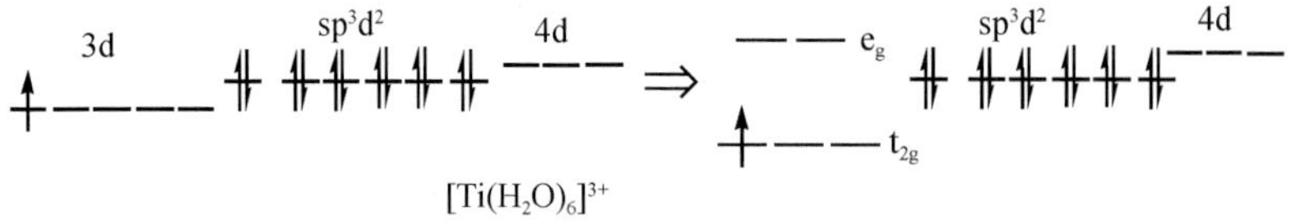

图 3.22　将价键理论和晶体场理论综合起来考虑 $[Ti(H_2O)_6]^{3+}$ 的轨道电子排布与填充，以及 d 轨道的能级分裂

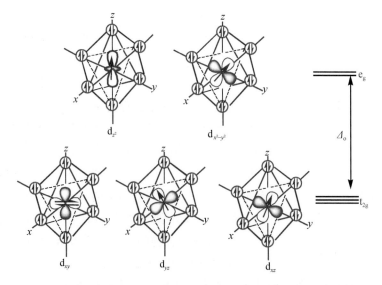

图 3.23　将价键理论和晶体场理论综合起来解释 $[Co(NH_3)_6]^{3+}$ 的构型与 d 轨道能级分裂

但是，即使把价键理论和晶体场理论合并，也不能完全解释光谱化学系列和中心金属离子与一些中性配体的成键，例如二茂铁、二价铂离子及一价银离子与乙烯形成的配合物等。这是因为，中心离子和配体之间还有其他相互作用关系。对这些作用关系的解释，要用到分子轨道理论。

3.3.3　分子轨道理论

3.3.3.1　分子轨道理论简介

分子轨道理论处理配合物的成键情况时，进一步考虑了价键理论和晶体场理论没有考虑的金属离子和配体的相互作用。这种作用关系就是，中心金属离子分裂后的非键 t_{2g} 轨道上的电子进一步与配体的其他具有相同对称性的未参与生成 σ 键的 p 电子组成分子轨道，从而得到填充了电子的能量升高了的 t_{2g}^* 轨道，或者非键 t_{2g} 轨道上的电子转移到配体的空 d 轨道或 π^* 轨道上从而得到能量降低了的 t_{2g} 轨道，这两种作用关系前者使分裂能降低，后者使分裂能升高。这种考虑可以合理解释光谱化学系列和中性配体的成键，因此比价键理论和晶体场理论更加全面。

图 3.24 中的符号代表简并度和轨道对称性。其中 e 代表二重简并，t 代表三重简并，g 代表中心对称，u 代表中心反对称，1 代表镜面对称，2 代表镜面反对称。配体的 6 对电子可以填充进配合物分子轨道的最低能级，即 a_{1g}、t_{1u}、e_g。从图 3.24 可以看出，这三种分子轨道主要是由配体的原子轨道贡献而成。也就是说，分子轨道理论中，配体上的孤对电子似乎并没有与金属离子成键。当配体是强的 σ 电子给体时，其中的 e_g 轨道能量下降多，e_g^* 轨道能量上升多，分裂能可能大于电子成对能，得到低自旋排布；当配体是弱的 σ 电子给体时，其中的 e_g 轨道能量下降少，e_g^* 能量上升少，分裂能可能小于电子成对能，得到高自旋排布。中心金属的 d 轨道电子则填充进入 t_{2g} 轨道和 e_g^* 轨道。对于具有 d^1、d^2、d^3 构型的金属离子，只有一种填充方法，就是自旋平行进入 t_{2g} 轨道；对于 d^8、d^9、d^{10} 构型的金属离子，也只有一种填充方法，分别是 t_{2g} 轨道自旋成对 6 个电子和 e_g^* 轨道上有 2、3、4 个电子。对于具有 d^4、d^5 的金属离子，有两种填充方法，即优先填充 t_{2g} 轨道 3 个电子后继续填充 t_{2g} 轨道或者向上填充 e_g^* 轨道。对于 d^6、d^7 构型金属离子，也有两种填充方法，即 $t_{2g}^6 e_g^{*0}$ 或者 $t_{2g}^4 e_g^{*2}$ 和 $t_{2g}^6 e_g^{*1}$ 或者 $t_{2g}^5 e_g^{*2}$。

这种分子轨道的处理方法，看似复杂，其实和价键理论、晶体场理论是相通的。首先，根据组成分子轨道的首要原则——对称性匹配原则，只有对称性匹配

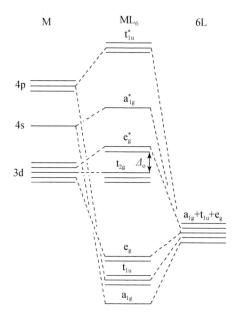

图 3.24 σ 键合的八面体配合物的分子轨道能级图

的原子轨道才能组成分子轨道，配体的群轨道由于具有 a_{1g}、t_{1u}、e_g 的对称性，可以和中心离子具有 a_{1g}、t_{1u}、e_g 对称性的 4s 4p 的轨道和 3d 轨道中的 e_g 轨道组成分子轨道。具有中心对称和镜面反对称的三重简并的 t_{2g} 轨道由于找不到对称性匹配的配体原子轨道，无法组成分子轨道，只能组成非键轨道。非键轨道与配体的相互作用也正是分子轨道理论处理配合物的成键方式比价键理论和晶体场理论考虑更全面的一个主要因素。

金属离子的非键轨道，即 t_{2g} 轨道上的电子与配体的相互作用方式主要是生成 π 分子轨道，π 分子轨道的形式主要有两种。

1. 与配体的未生成 σ 键的 p 轨道相互作用

这种作用会导致 t_{2g} 和 t_{2g}^* 分子轨道的生成，由于配体不缺乏 p 轨道孤对电子，应该注意到，这种成键分子轨道 t_{2g} 主要填充的是配体的孤对电子。而反键轨道 t_{2g}^* 主要填充的是 3d 轨道电子。按照价键理论的理解，配体上的 p 轨道孤对电子已经配对，是不能形成 π 键的，而分子轨道理论和价键理论不能有矛盾的地方，只能互相补充。那么，应该这样看待分子轨道的处理方式，即 t_{2g} 非键电子并没有和配体 p 轨道孤对电子实质成键，因为 t_{2g} 轨道非键电子主要填充在 t_{2g}^* 轨道上，不但没有成键，反而有电子之间的相互排斥作用，结果 t_{2g}^* 轨道能量升高。

原来由 t_{2g} 和 e_g^* 轨道的能级差构成的分裂能变成 t_{2g}^* 和 e_g^* 轨道之间的能级差，由于 t_{2g}^* 轨道能级升高，t_{2g} 轨道能级下降，填充了电子的 t_{2g}^* 轨道能级与 e_g^* 的能级差缩小，所以分裂能变小。一方面，因为卤离子电负性较大，不易给出孤对电子到中心离子的空轨道，从而由对称性相同的卤离子的 e_g 轨道和中心离子的 e_g 轨道组成的分子轨道 e_g^* 能级升高不多；另一方面，其 p 轨道上还有垂直于 σ 键的孤对电子。这里再次强调，按照价键理论来理解，这种电子已经成对，是不能再与金属离子的 d 轨道电子成键的。不但不能成键，而且会产生排斥作用。实际上，分子轨道理论处理这个问题时，最终的结果也是得到升高了能量的 t_{2g}^* 轨道（图 3.25）。综上，卤离子在光谱化学序的低端。而 OH^- 相较于 H_2O，多出一对 p 轨道电子，比 H_2O 更容易生成 π 键，是强的 π 给体，因此分裂能比 H_2O 小。

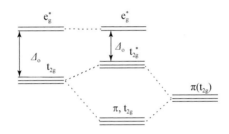

图 3.25 d 轨道上的非键电子与配体的非 σ 键 p 轨道电子组成的 t_{2g} 和 t_{2g}^* 分子轨道

2. 向配体的空 d 轨道或空 π^* 轨道填充电子

这样做将导致 t_{2g} 轨道上的电子密度减小，能量减小，从而使 t_{2g} 轨道能级降低。而 t_{2g}^* 轨道上由于没有电子，所以不影响分裂能，从而分裂能主要由 t_{2g}-e_g^* 之间的能级差引起，最终的结果是导致分裂能扩大。这样生成的 π 键称为反馈 π 键。NO^{2-}、CN^-、CO 由于有离核较近的空 d 轨道和空 π^* 轨道，所以是强的 π 电子受体，因而处于光谱化学序中的高端（图 3.26）。

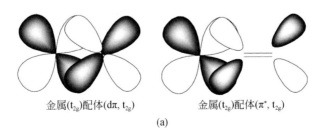

金属(t_{2g})配体($d\pi$, t_{2g})   金属(t_{2g})配体(π^*, t_{2g})

(a)

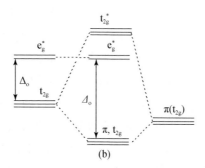

图 3.26　（a）中心金属离子的非键 t_{2g} 轨道上的电子向配体的空轨道传输形成反馈 π 键；

（b）反馈 π 键的分子轨道表示

3.3.3.2　分子轨道理论的缺点

分子轨道理论不够形象、直观，而且计算比较复杂，要通过键长、键角才能得到分子的几何构型，不能像价键理论那样直接得到。

在由中心金属离子的原子轨道和配体的原子轨道怎样组成分子轨道时，有与价键理论相矛盾的地方。根据分子轨道理论，如图 3.24 所示，配合物的分子轨道是由中心金属离子具有 e_g 对称性的 d_{z^2} 和 $d_{x^2-y^2}$ 轨道、a_{1g} 对称性的 4s 轨道和 t_{1u} 对称性的 4p 轨道，与配体的具有相同对称性的 s、p、d 轨道线性组合而成。但在八面体场中，配位数是 6，配体的个数是 6，6 个配体以相同的轨道与金属离子配位，而不是以不同的轨道组成分子轨道再填充电子。图 3.24 应该画成一个中心离子和 6 个配体组成分子轨道，必须要求中心离子的 d_{z^2} 和 $d_{x^2-y^2}$ 轨道、a_{1g} 对称性的 4s 轨道和 t_{1u} 对称性的 4p 轨道首先线性组合成分子轨道，但这样对称性又不尽相同，也组成不了分子轨道。这样看来，首先进行 sp^3d^2 或者 d^2sp^3 杂化就是价键理论的独特的优点了。价键理论认为，在配位前，中心离子的 4s、4p、3d 轨道在配体的作用下先进行杂化，组成 sp^3d^2 或 d^2sp^3 杂化轨道，这种杂化轨道的每个中心金属离子只有一个，具有单一的对称性，其大体形状如图 3.27 所示。

如图 3.28 所示，氟离子具有 1 对 2s 轨道孤对电子和 3 对 p 轨道孤对电子，填充中心金属离子空轨道的应该是 p_x 孤对电子。而 CN^- 的孤对电子为 sp 杂化轨道上的孤对电子，所以是 6 个配体中每个配体提供单一的孤对电子，而不是像分子轨道里面所描述的，选择一个配体的不同对称性的原子轨道进行线性组合，然后 6 个配体的电子再填充进来。

分子轨道理论在解释中心金属离子与配体形成 π 键和反馈 π 键时存在疑惑。在 F^- 和 CN^- 中，都存在空的 3p 和 3d 轨道，为什么中心离子的非键 t_{2g} 轨道只向

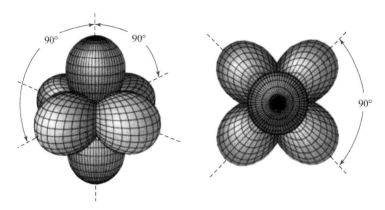

图 3.27　sp^3d^2 或 d^2sp^3 杂化轨道的大体形状

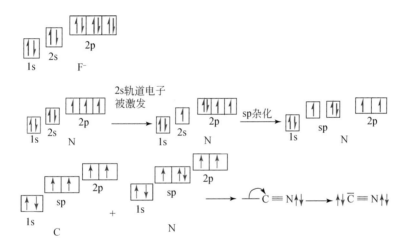

图 3.28　F^- 和 CN^- 中轨道电子的杂化和价键的形成。负离子落在碳上，因为碳氮三键有吸电子的诱导效应和共轭效应，导致碳带部分正电荷，当碳与其他原子的键断裂后，很容易夺得与碳以共价键结合的一对电子，从而形成 CN^-

CN^- 的空轨道转移形成反馈 π 键，而不向 F^- 转移形成 π 键？事实上，根据价键理论，F^- 的另外两对电子垂直于 p_x 轴，也就是配合物 σ 键轴的孤对电子具有给电子性质，与中心金属离子的非键 t_{2g} 轨道排斥作用大，引起轨道能量上升。CN^- 垂直于 sp 杂化轨道的两个 π 键却不是孤对电子，具有一定的接受电子的性质，可以像"超共轭效应"那样稳定来自中心离子的电子对或者单电子，使 t_{2g} 轨道能量下降，增大分裂能。这样，使用价键理论解释的光谱化学序，比分子轨道理论来解释更合理。

3.4　使用价键理论的概念全面解释过渡金属有机配合物的成键

价键理论将配体的孤对电子填充进入中心离子的具有一定方向和对称性的杂化空轨道，从而形成 σ 键，解释了配位化合物的几何构型和磁性。晶体场理论则进一步考虑了配体与中心离子形成 σ 键后，该 σ 键对中心离子的 d 轨道未成键电子的排斥力，从而得出 5 重简并的 d 轨道能级分裂的结论。这与价键理论并不矛盾，在本质上也是价键理论的一部分。因为根据价键理论的成键原则，已经配对的配体的孤对电子不能再成键，只能填充进入空轨道形成反馈 π 键且能量降低，成为中心离子的一部分或者成为整个分子的一部分，与中心离子上的电子不能重叠成键，只能有电子之间的相互排斥作用。根据 d 轨道在空间的伸展方向，在八面体构型中，d_{z^2} 和 $d_{x^2-y^2}$ 的空间伸展方向与配体相互作用比较大。d_{xz}、d_{yz}、d_{xy} 轨道与配体的相互作用小，从而 d 轨道分为两组。在姜-泰勒效应中，d_{z^2} 和 $d_{x^2-y^2}$ 进一步分裂，因为这两个轨道在空间的形状也不同。价键理论得出配合物的空间构型这一配合物最基本、最重要的性质。晶体场理论则基于价键理论的构型，再进一步考虑配体 σ 成键孤对电子对 d 轨道电子的排斥力，再综合考虑电子成对能，从而说明配合物的稳定性、颜色、磁性等。

单纯根据分子轨道理论，很难直观地得到配合物的几何构型。但分子轨道理论进一步考虑了 d_{xz}、d_{yz}、d_{xy} 轨道与配体的相互作用，这三个轨道上的电子由于还没有成键，它们在空间的伸展方向又使其能与配体上的其他未成 σ 键并与 σ 键垂直的 p 轨道上的电子相互排斥，可以向配体的空轨道填充电子，当它们向配体的空轨道填充电子时，则占有电子的轨道能级降低，从而使分裂能增大；当与配体的 p 轨道上的电子相互排斥时，组成的 t_{2g}^* 分子轨道上有电子，从而分裂能减小。注意，分子轨道的处理方法虽然表面上看是非键 t_{2g} 轨道上的电子与配体的具有相同对称性的电子组成分子轨道，实际上这种分子轨道里面的成键轨道主要由配体的 π 电子对填充，金属 d 轨道上的电子主要填充在 t_{2g}^* 分子轨道上，而反键轨道对成键没有贡献，只有削弱键的作用，所以反键 t_{2g}^* 轨道完全可以理解为中心离子 d 轨道上的电子与配体 π 电子对的排斥作用。如果抛开反键轨道的概念，得到的是价键理论和晶体场理论一样的处理结果，三者之间没有任何矛盾。

下面举例尝试不使用晶体场理论和分子轨道的概念，单纯用价键理论来解释两个配合物的成键。

如图 3.29 所示，锰原子由于钻穿效应和屏蔽效应，在填充电子时，4s 轨道

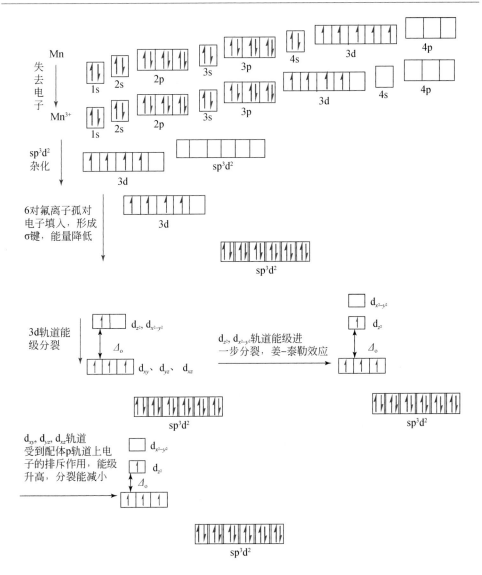

图 3.29　价键理论解释 $[MnF_6]^{3-}$ 的形成，轨道填充法

的能量比 3d 轨道能量低，先填充。当失去电子时，由于 3d 轨道电子的存在，削弱了原子核对 4s 轨道电子的吸引，从而比 3d 轨道电子容易失去。在变成 Mn^{3+} 后，遇到 F^- 时在适宜的反应条件下，由于氟离子的电负性大，并不容易给出一对电子来填充中心金属离子的空轨道，Mn^{3+} 将被迫采取能量比较高的 sp^3d^2 杂化，得到 6 个能量相等的空轨道，这 6 个空轨道在空间上必须相互分开排列，所以只

能采取八面体构型。配体 F^- 的六对 p_x 轨道上的孤对电子填充进这 6 个空轨道里，组成 σ 键。组成 σ 键后，其他未成键的中心离子的 4 个电子由于在空间的伸展方向不同，d_{z^2} 和 $d_{x^2-y^2}$ 的电子云主要分布在键轴上即八面体的顶点上，从而与这六个 σ 键中的两个排斥力大，能量升高，但由于氟的电负性比较大，所以孤对电子受到原子核的吸引大；孤对电子离核较近，这是氟离子成为弱场的原因之一，也是 d 轨道分裂能的来源。d_{z^2} 和 $d_{x^2-y^2}$ 分裂后，第 4 个电子填充在 d_{z^2} 上，从而这个电子对配体的屏蔽作用稍大于未填充电子的 $d_{x^2-y^2}$，得到拉长的八面体结构，也就是姜–泰勒效应。

　　氟离子除了填充锰离子的空轨道上的孤对 p_x 轨道电子外，还有另外两对 p_y 和 p_z 轨道上的孤对电子，在空间上互相垂直，也和 p_x 轴，即配合物的 σ 键垂直。这两对孤对电子的其中一对，与中心离子未成键的 d_{xz}、d_{yz}、d_{xy} 轨道上的电子在空间上伸展方向有部分一致，产生排斥作用，从而使这三个 d_{xz}、d_{yz}、d_{xy} 轨道能量上升，最终使 d_{z^2} 与 d_{xz}、d_{yz}、d_{xy} 轨道的能量差减小，分裂能减小，这是氟负离子为弱场的第二个原因（图 3.30）。

　　当 Mn^{3+} 与 CN^- 配位时，首先氰离子的孤对电子在碳和氮上，碳、氮的电负性比氟低，这对孤对电子容易给出，和中心离子容易形成 σ 键，Mn^{3+} 的 3d 轨道电子被迫成对组成 d^2sp^3 轨道接纳配体的 6 对孤对电子。同时，这六个 σ 键与 Mn^{3+} 未参与配位的其他电子有较大排斥力，能量升高，d 轨道能级分裂。另外，CN^- 垂直于 σ 配位键的 π 键具有缺电子性，可以因超共轭效应与 Mn^{3+} 的未参与配位的 d_{xz}、d_{yz}、d_{xy} 轨道上的电子成弱键，某种程度上接受了电子，使得 d_{xz}、d_{yz}、d_{xy} 轨道能级降低，分裂能进一步增加（图 3.30）。

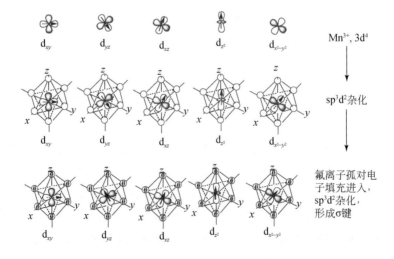

Mn^{3+}, $3d^4$

sp^3d^2 杂化

氟离子孤对电子填充进入，sp^3d^2 杂化，形成 σ 键

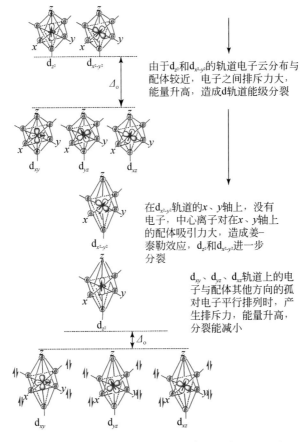

由于d_{z^2}和$d_{x^2-y^2}$的轨道电子云分布与配体较近，电子之间排斥力大，能量升高，造成d轨道能级分裂

在$d_{x^2-y^2}$轨道的x、y轴上，没有电子，中心离子对在x、y轴上的配体吸引力大，造成姜–泰勒效应，d_{z^2}和$d_{x^2-y^2}$进一步分裂

d_{xy}、d_{yz}、d_{xz}轨道上的电子与配体其他方向的孤对电子平行排列时，产生排斥力，能量升高，分裂能减小

图 3.30 用价键理论解释 [MnF]$^{3-}$ 的形成（画图法）

参 考 文 献

［1］ Heitler W, London F. Wechselwirkung neutraler atome und homöopolare bindung nach deer quantenmechanik. Z Phys., 1927, 44: 455-472.

［2］ Pauling L. Quantum mechanics and the chemical bond. Phys. Rev., 1931, 37: 1185-1186.

［3］ Mulliken R S. The assignment of quantum numbers for electrons in molecules I. Phys. Rev., 1928, 32: 186.

［4］ Hund F. Zur Deutung einiger erscheinungen in den molekelspektren. Z. Physik, 1926, 36: 657-674; Zur Deutung der molekelspektren I. 1927, 40: 742-764; Zur Deutung der molekelspektren II, 1927, 42: 93-120; Zur Deutung der molekelspektren III, 1927, 43: 805-826; Zur Deutung der molekelspektren IV, 1928, 51: 759-795.

［5］ Huckel E. Quantentheoretische beiträge zum benzolproblem. Z. Physik, 1931, 70: 204-286.

［6］ Roothaan C C J. Developments in molecular orbital theory. Rev. Mod. Phys. , 1951, 23: 69.

［7］ Fukui K, Yonezawa T, Shingu H. A molecular orbital theory of reativity in aromatic hydrocarbons. J. Chem. Phys. , 1952, 20: 722-725.

［8］ Gunthard K B. Recombination of electrons and molecular helium ions. Phys. Rev. , 1968, 169: 155-164.

第 4 章　几种典型有机发光分子的结构

4.1　引　　言

本书的内容是讨论有机分子的发光机理，因此必须先了解关于有机分子的基本信息。通过研究有机分子的结构和化学键，可以得知诸多关于原子是如何结合在一起组成有机分子的信息，这对理解有机分子的发光机理至关重要。下面以几种典型的有机发光分子为例，说明有机分子中原子之间的键合。选取四种有代表性的有机化合物：

①具有芳香共轭体系的纯有机物芘。

②三（8-羟基喹啉）铝，Alq_3。

③三（2-苯基吡啶）铱，$Ir(ppy)_3$。

④稀土有机配合物。

除高分子外，上述四种类型的有机小分子在有机电致发光中是最常遇到的。

在第 3 章已经介绍，单独使用价键理论也可以对有机分子的化学键、空间结构、配合物的性质等做出解释。本章将用价键理论对上述四种典型有机分子的结构和化学键做出解释和说明，同时也尽量参考分子轨道理论。

4.2　芘中的化学键

讨论图 4.1 中芘（$C_{16}H_{10}$）的结构和化学键比较容易，因为芘的组成非常简单，就是碳和氢两种元素。

碳的 2s 轨道上的成对电子被拆开，被激发到 2p 空轨道上。这时，该被激发电子的自旋要发生翻转，主要出于两个原因：

①洪德定则要求 2p 轨道上的电子必须占据尽量多的轨道且自旋平行；

②从 2s 轨道到 2p 轨道，电子的轨道角动量发生改变，要求自旋角动量也随着改变，这就是角动量守恒原则，也是后面要着重讨论的"自旋轨道耦合"。

当发生 sp^2 杂化后，这三个单电子在空间上将采取最大限度的"分开"，以使体系的能量最低，只有唯一的一种分布方式，即平面三角形的结构。碳原子采取

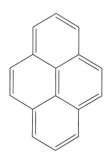

图 4.1　芘的结构式

哪种杂化方式，比如 sp、sp^2、sp^3，很好理解，均是环境或者反应条件使然。即反应条件有利于生成乙烷，则采取 sp^3 杂化；有利于生成乙烯，则采取 sp^2 杂化；有利于生成乙炔，则采取 sp 杂化。在芘中，碳采取 sp^2 杂化后，杂化轨道在空间上呈平面三角形分布，外围的十个碳原子的其中一个 sp^2 杂化轨道与氢结合，总共 10 个氢，所有剩余的 sp^2 杂化轨道则互相连接组成一个大平面共轭结构。碳原子还剩余一个 p 轨道垂直于每一个碳的平面三角形的 sp^2 杂化轨道，也就是垂直于芘分子的整个共轭平面。

　　从上述芘的化学键及结构可以看到，芘分子中所有碳原子上的所有电子，除了内层的 1s 轨道有一对电子未参与成键外，其他电子都已参与成键，没有孤对电子和单电子。而氢原子只有一个 1s 电子，也参与了成键（图 4.2）。

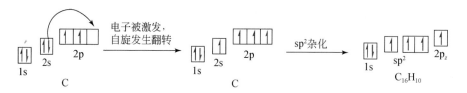

图 4.2　芘中碳原子的杂化轨道形成

4.3　Alq_3

　　在 8-羟基喹啉铝中，铝原子的外层电子数为 13，电子构型为 $1s^2 2s^2 2p^6 3s^2 3p^1$，变成铝离子后，失去的是 $3s^2 3p^1$ 上的三个电子，从而第三层的轨道变成全空。当和三个 8-羟基喹啉负离子配位时，配位数为 6，得到的是八面体配合物。按照通常的理解，此时铝离子应该提供 sp^3d^2 共六个杂化轨道，从而容纳氮原子和氧原子的 6 对孤对电子。当氮和氧上的 6 对孤对电子填入此六个杂化轨道后，形成 6 个配位键。由于铝离子中没有 3d 电子，因而这 6 个 σ 键不与 3d 轨道上的电子发生作用。而铝离子上的 6 个 2p 轨道电子由于均处于 xyz 轴上，会与配合物的 6 个 σ 键发生排斥作用，导致能量升高，但升高的幅度是一样的，即 6 个 2p 轨道电子能量相同，依然是简并的，不发生能级分裂。但实际上，铝离子是主族元素，d 轨道是不应该参与成键的（图 4.3）。所以，在 8-羟基喹啉铝中，轨道是如何被占据的，哪些电子成键，电子是如何成键的，还需要深入研究（参见第 7.10 节的讨论）。

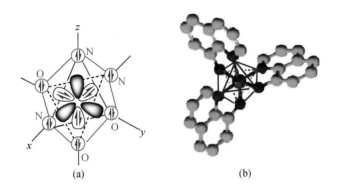

图 4.3　（a）根据价键理论得出的 Alq_3 的成键和空间几何构型；

（b）实际的单晶结构

4.4　Ir(ppy)₃

铱的原子序数为 77，核外电子排布为 $1s^2 2s^2 2p^6 3s^2 3p^6 3d^{10} 4s^2 4p^6 4d^{10} 4f^{14} 5s^2 5p^6 6s^2 5d^7$。当铱原子变成 Ir^{3+} 时，失去的是 6s 轨道上的两个电子和 5d 轨道上的一个电子，从而电子构型变成 $5d^6$。当与 2-苯基吡啶配位后，由于 2-苯基吡啶上碳负离子是强碱，容易给出电子，所以是强场，$5d^6$ 电子将尽量自旋配对，占据 3 个 d_{xz}、d_{yz}、d_{xy} 轨道。空出两个轨道即 d_{z^2} 和 $d_{x^2-y^2}$ 轨道与 6s、6p 轨道组成 d^2sp^3 杂化轨道，接受配体的 6 对孤对电子，组成八面体形配合物。在配合物中未参与成键的 $5d^6$ 电子，由于与配体的电子对排斥作用，能级可能进一步升高（图 4.4）。

从上面分析可以看出，Ir(ppy)₃ 体系没有自由的单电子。

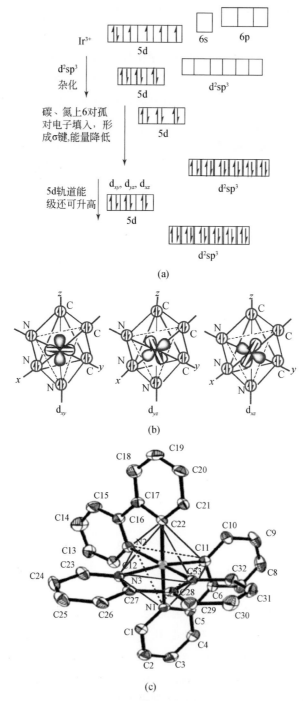

(a)

(b)

(c)

图 4.4　（a）$Ir(ppy)_3$ 的外层轨道电子排布；（b）$Ir(ppy)_3$ 的化学键
图示；（c）实验测得的 fac-$Ir(ppy)_3$ 单晶结构

4.5　稀土有机配合物

稀土元素包括第三副族原子序数为 57~71 的 15 个镧系元素和钪、钇。

在发光领域应用比较多的主要有三价铕离子和三价铽离子，前者的发射光为红色，后者为绿色。铕的电子排布为 $1s^22s^22p^63s^23p^63d^{10}4s^24p^65s^24d^{10}4f^75p^66s^2$，铽的电子排布为 $1s^22s^22p^63s^23p^63d^{10}4s^24p^65s^24d^{10}4f^95p^66s^2$。当它们变成三价离子时，失去的是 6s 轨道上的两个电子和 4f 轨道上的一个电子。

稀土有机配合物的成键情况比较复杂。可以查到的资料很少。一般认为，内层的 4f 轨道电子由于受到 5s、5p、6s 轨道电子的屏蔽，基本上不参与成键。Weber 认为 4f 轨道在稀土配合物中基本上是定域的，Clack 等也得出 4f 轨道基本不成键的结论[1,2]。但是，很明显，对于铕元素和铽元素来说，其 4d 轨道是填满的，是否与典型的配位原子氧的空 3s、3p 轨道形成反馈 π 键对本书所要阐述的新发光机制不构成影响。典型的 β-二酮中的三个烯醇式负离子上的孤对电子首先填充进入三价铕和铽离子的三个 $6sp^3$ 杂化轨道，那么作为拥有八配位数的配体的其余五对孤对电子就存在与三价铕和铽离子的 4f 轨道间的相互作用。由于 4f 轨道的变形性比较高，这种作用是极弱的。也就是说，这种弱的配位键是极易被破坏而使 4f 轨道可以容纳被激发出来的电子。这对稀土有机配合物的发光机制有非常重大的影响。

参 考 文 献

[1] Weber J, Herthou H, Jørgensen C K. Application of the MS Xα method to the understanding of satellite excitations in inner shell photoelectron spectra of lanthanide triffluorides. Chem. Phys. Lett., 1977, 45: 1-5.
[2] Clack D W, Warren K D. Molecular orbital calculations for f-orbital complexes: the dicycloocta-tetraenylcerium (Ⅲ) anion. J. Organomet. Chem., 1976, 122: C28-C30.

第5章 传统有机发光理论概述

5.1 引 言

很多专著和教科书讨论有机光化学。其中非常有名的是 N. J. Turro 的 "*Modern Molecular Photochemistry*"。该书于 1965 年出版第一版，1978 年出版第二版，1991 年出版第三版，2010 年出版第四版，被称为"有机光化学的圣经"。N. J. Turro 为美国哥伦比亚大学教授，化学系主任，于 2012 年 11 月 24 日去世。N. J. Turro 对分子光化学的定义是："分子光化学是根据基于有机分子的结构及其内在性质的具体的机理模型，描述由吸收光子引发的物理和化学过程的科学"。

本书把讨论的范围进一步缩小，集中介绍"有机化合物对光子的吸收及其后产生的荧光和磷光，而不是范围更大的"分子光化学"。

5.2 吸收与发射

5.2.1 吸收

有机分子可以吸收的能量形式包括光能、电能、射线、等离子体、摩擦等。

到目前为止，对吸收广泛采用的是分子轨道理论的解释，如图 5.1 所示。美国化学家马利肯和德国化学家洪德发展了分子轨道理论（molecular orbital theory），即 MO 理论。该理论认为分子轨道可以由原子轨道的线性组合来表示。已在第 3 章介绍。

分子轨道理论认为，有机化合物分子中主要有 3 种电子：形成单键的 σ 电子、形成双键的 π 电子、未成键的孤对电子（也称 n 电子）。基态时，σ 电子和 π 电子分别处于 σ 成键轨道和 π 成键轨道上，n 电子处于非键轨道上。从能量的角度看，处于低能态的电子吸收合适的能量后，可以跃迁到较高能级的反键轨道上。跃迁的情况如图 5.1 所示。其中，跃迁时吸收能量的大小顺序为：

$$n-\pi^* < \pi-\pi^* < n-\sigma^* < \pi-\sigma^* < \sigma-\pi^* < \sigma-\sigma^*$$

$n-\pi^*$ 的跃迁吸收的能量最小，相应的吸收光的波长在近紫外–可见的 200 ~

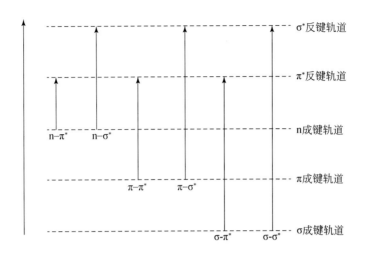

图 5.1　传统的分子轨道理论对有机分子中光吸收的解释

800nm。其他跃迁的能量都超过了 200nm，即在远紫外区。但是，如果有机分子具有共轭体系，由于共轭而使电子发生某种程度的离域，那么 $\pi-\pi^*$ 的跃迁所需的能量就会降低，所吸收的光也会落在近紫外区，从而可以观察到紫外-可见光谱。

5.2.2　发射，Jabloński 机理模型

长期以来，频繁采用解释有机化合物的吸收和发光原理的是 Jabloński 的能级图（图 5.2），该理论由乌克兰科学家 Jabloński 于 1935 年提出[1]。具体表述如下：电子吸收能量后被从基态激发到高能量的不同激发态，然后经过内转换无辐射跃迁到第一激发单重态，如果继续跃迁回到基态，则产生荧光。在激发单重态时，如果经历系间窜越则可到达激发三重态，此时电子的自旋方向发生翻转，与基态的电子自旋方向相同，电子如果回到基态，则是自旋禁阻的，但也是可以发生的。如果发生了，则产生磷光，由于是自旋禁阻，因而磷光的寿命比荧光的寿命长。在图 5.2 中，S_0 被称为基态，S_1 和 S_2 分别被称为第一和第二激发单重态，T_1 被称为第一激发三重态。

此外，对于近年来出现的有机电致发光的解释，使用的是物理学上空穴和电子复合产生激子的概念。根据"粒子单一运动方式"原理，我们应该努力去寻求简单而统一的解释，从而把所有这些概念统一起来，这个目标贯穿本书始终。

系间窜越发生时，电子的自旋方向发生改变，此时总自旋量子数为 1/2+1/2＝1

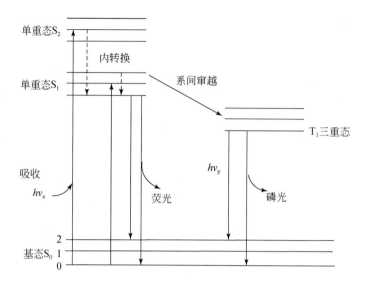

图 5.2　Jabloński 的能级图

（$s=1$）。那么总自旋磁量子数（$M_s=2s+1=3$），也就是自旋角动量在外磁场存在下的分量就有三个（即 0，+1，-1），此时分子处于三重态。因此，$2s+1$ 也称为谱项的多重度。根据泡利不相容原理，自旋相同的电子是不允许存在于同一轨道内的。所以，当磷光发生时，由于是从三重态到单重态的自旋禁阻，所以磷光的寿命一般比较长。

5.3　MOJab 理论

上述关于分子吸收和发射的理论，本书称之为"MOJab"理论。为了更加系统地研究传统理论，现将传统理论中的一些基本的概念、原理复述如下。

基态：在一般状态下，原子处于最低能级，这时电子在离核最近的轨道上运动，这种状态叫基态。有机分子在没有受到外界能量刺激时，就是处于基态。有机分子在受到刺激（如紫外光照射）后，从基态变成激发态，势能增加，再回到基态，那么多余的能量就会释放出来。这是一个动态的循环往复的过程。

激发态：原子或分子吸收一定的能量后，处于较高的能级但尚未电离的状态。物质在气体、液体或固体状态下受热后，振动动能增加，但没有电子被激发，就不是处于激发态。

单重态：电子受激到达激发态时，其多重度用 $2S+1$ 表示，S 为电子自旋量子数的代数和。由于电子的自旋只有两种状态，也就是+1/2 和-1/2，那么两个电子的自旋量子数的代数和也就只有两个值，0 和 1。分子中同一轨道中的两个电子必须具有相反的自旋方向，即自旋配对。此时 S 等于零，那么多重度 $2S+1 =$ 0，该分子体系便处于单重态，用符号 S 表示。处于基态的有机分子一般情况下都是自旋配对的稳定态，因而是单重态的。倘若分子吸收能量后导致电子被激发，而电子在跃迁过程中不发生自旋方向的改变，这时分子处于激发的单重态。

三重态：如果电子在被激发后，自旋方向改变，这时分子有两个自旋不配对的电子，即 S 等于1，那么 $2S+1=3$，分子就处于激发的三重态。

如图5.3（a）所示的三种状态表示两个电子在外磁场下处于自旋三重态。图5.3（b）表示两个电子处于单重态。处于三重态的两个电子可以产生自旋角动量和自旋磁矩。在有外磁场的情况下，可以围绕外磁场进动。第一种情况表示两种自旋方向完全相同，即两个电子的自旋角动量不仅在 Z 轴方向上可以加和且在 XY 平面方向也可以加和。其自旋磁矩与外磁场相同，因而 $S=1$，$M_s=1$。第二种情况表示两个电子的自旋角动量和自旋磁矩在 Z 轴方向的分量互相抵消，而在 XY 平面方向却可以加和，因而 $S=1$，$M_s=0$。第三种情况表示两个电子的自旋角动量和自旋磁矩在 Z 轴方向上和在 XY 平面方向上可以加和但总自旋磁矩与外磁场相反，因而 $S=1$，$M_s=-1$。第四种情况表示两个电子的自旋角动量和自旋磁矩在 Z 轴方向上和 XY 平面方向上全部相互抵消，因而 $s=0$，$M_s=0$。

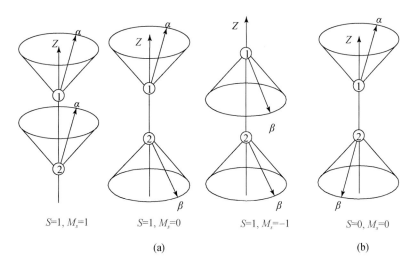

$S=1, M_s=1$　　　　$S=1, M_s=0$　　　　$S=1, M_s=-1$　　　　$S=0, M_s=0$

(a)　　　　　　　　　　　　　　　　(b)

图5.3　两个电子处于三重态和单重态的矢量模型

　　荧光和荧光寿命：在 MOJab 理论体系中，荧光的发生被认为是电子从基态被激发到激发态，在这个过程中，电子的自旋不发生变化。在激发态中，电子从能级高的单重态经过内转换到达第一激发单重态，然后再跃迁回到基态，在这个过程中发射出荧光，由于从激发态到基态都是单重态，因而是自旋允许的，辐射跃迁的过程很快，所以荧光的寿命很短，一般在 10^{-9}s 数量级。

　　磷光和磷光寿命：在 Jabloński 模型中，处于第一激发单重态的电子经系间窜跃可以到达三重态，而从三重态回到基态的过程中，由于是不同的自旋态，是禁阻的跃迁，因此这种磷光的发生非常缓慢，一般在纳秒到毫秒之间，甚至秒。

参 考 文 献

[1]　Jabloński A. Über den mechanismsdes photolumineszenz von farbstoffphosphoren. Z. Phys. , 1935, 94: 38-46.

第6章 MOJab 与 π-BET 理论

6.1 传统有机发光理论遇到的挑战

有机分子吸收紫外–可见光或者相应的能量，发射出更长波长的光子。这种吸收和发射到底是如何发生的，近一个世纪以来，都一直以 MOJab 理论（Molecular orbit[1,2] and Jabloński's energy diagram，MOJab theory[3,4]）来解释。

然而，这种流行近百年的有机发光理论，在经过严肃的理论推导和实验证实后，发现仍有如下问题需探索：

（1）MOJab 理论所宣称的电子在基态和激发态之间，单重态和三重态之间被激发然后跃迁。那么，这个电子来自哪里？这是非常简单却至关重要的一个基本问题。如前所述，对于一般的有机分子，如芘、萘、蒽、二甲苯酮、氰基苯、Alq_3、$Ir(ppy)_3$、$Tb(acac)_3$，分子中是不存在自由电子可以被激发的。

紫外光（250~400nm）的能量为 114.4~71.5kcal/mol，这种能量足够大到可以断裂 π 键，因为其键能为63kcal/mol（苯环由于芳香性使得其中的 π 键键能比普通 π 键键能高，达到约73kcal/mol）。即使比较强的共价单键，例如碳氢键，其键能也仅为约 100kcal/mol。

从上述分析来看，有机分子若要发光，必然涉及电子的激发和跃迁。有机分子中共价键的饱和性决定了有机分子没有多余的"自由"电子被激发。紫外光的能量又足够大到可以断裂 π 键，那么该被激发的电子必然来自于断裂的 π 键。对于 π 键是否断裂的问题，N. J. Turro 在其著作《现代分子光化学》中这样阐述：We might ask whether absorptions of 250nm light（114.4kcal/mol）leads to random rupture of all the single bonds of an organic molecule? The answer is negative. In fact, many photoreactions proceed with remarkable selectivity, i. e., only certain bonds are made or broken. The reason for this selectivity is due to the localization of e-lectronic excitation and specificity with which this electronic excitation is employed to make or break bonds. In orther words, specific mechanisms exist for the conversion of electronic excitation energy into nuclear motion that results in a net chemical reaction. 这段话应该这样理解：首先，Turro 问 250nm 的紫外光会不会导致有机分子的所

有单键随机断裂？答案是否定的。这种否定可以理解为不是所有的单键都断裂，也不排除可能部分单键或者部分双键会断裂。通观其完整的原著第三版（1991）和中文译本（2010 年出版），在涉及光物理也就是光的吸收与发射这个问题上，这个否定的答案其实是指"没有键可以断裂"，但书未涉及这方面的内容。接着，Turro 讲到：许多光反应是在很显著的"选择性"前提下进行的，也就是说，只有某些键会生成和断裂。而选择性归因于电子激发的定域性和特异性。这里，Turro 不否认在"光化学反应"中存在键的断裂。

新理论，即 π-BET（π-bond breaking and electron transfer，π 键断裂和电子转移）[5-7]认为，被激发的电子必然来自于断裂的 π 键，否则，该电子的出处无从理解。

例如，苯分子吸收能量后，其中的一个 π 键断裂。如图 6.1 所示，π 键可以发生均裂也可以发生异裂。如果发生均裂，两个电子会迅速重新键合，对电子激发、转移、跃迁没有什么贡献。均裂的发生可以完美地解释紫外线这样的能量确实足够大到使键断裂。只不过键断裂后可以迅速重新键合。这种键合速度非常快，可以在飞秒级，以至于像没发生一样。如果发生异裂，情况则会大大不同。异裂后的孤对电子落在碳原子上，该碳原子将带有负电荷。相邻的另一个碳原子则带有正电荷。接下来电子的激发、转移、跃迁就是发生在这对孤对电子上。所以从这个意义上说，传统 MOJab 理论的 π-π* 跃迁就是 π 键断裂加 n-π* 跃迁。

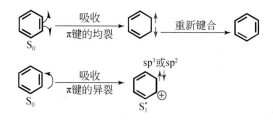

图 6.1　苯吸收能量后 π 键断裂。S_0 表示基态，S_1^* 表示"准激发态"。sp^3 和 sp^2
表示 π 键断裂后一对孤对电子落在碳原子上，这对孤对电子可以采取的杂化状态

该孤对电子到底采取 sp^3 杂化还是 sp^2 杂化，取决于苯环上所连接的基团、相邻分子间的作用及环境如溶剂和温度。后面的章节中我们会看到，这将对自旋轨道耦合发生根本性的影响。

其势能变化如图 6.2 所示。π 键发生异裂后的能量状态比基态的势能高，比激发态的势能低，本书称为"准激发态"，S_1^*。

至此，参考图 5.1、图 6.1 和图 6.2，可以用 π-BET 理论将分子轨道理论中

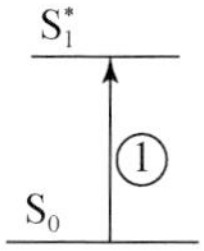

图 6.2　苯吸收能量导致 π 键断裂后的势能变化

的 π→π* 激发和 n→π* 激发等概念与 π 键断裂和愈合对应起来，并且可以得出分子轨道理论中的诸如 π–π* 和 n–π* 轨道的清晰而真实的影象。π 键均裂相当于 π 和 π* 轨道各得一个自旋相反的电子，此时，π 和 π* 轨道仅仅是个相对的概念，即 π 轨道其实也是 π* 轨道，而 π* 轨道其实也可称为 π 轨道，只是名词差异而已，代表的是两个有势能差的能级。然后这两个电子所在的 p 轨道（其实就是 π 和 π* 轨道），从不重叠的状态开始旋转到肩并肩的状态，从而 π 和 π* 轨道的能级差逐步降低，就是要准备重新重叠成键。一旦成键后，π* 轨道也就随着能级降低到基态而彻底消失，只有 π 成键轨道存在。π 键异裂则相当于一个 π 轨道上有一对电子，但是此时这个 π 轨道更应该被视为 n 轨道，π* 轨道上暂时没有电子。π 键异裂后，如果发生相邻两个碳原子之间的带有自旋轨道耦合的电子转移（也就是自旋相同的 π–π* 激发），那么两个电子的自旋相同，无法再成键，此时相当于两个电子均在 π* 轨道或者一个在 π 轨道另一个在 π* 轨道，但是这两个轨道的能级差非常大，永远不可能成键。π 键异裂后，如果发生相邻两个碳原子之间的不伴随自旋轨道耦合的电子转移，那么这两个电子的自旋方向相反，此时相当于一个电子在 π 轨道，另一个电子在 π* 轨道，但这两个轨道也就是 π 和 π* 轨道的能级差非常小，两个电子很容易重新成键，成键后 π* 轨道的能级降低到基态从而整个 π* 轨道彻底消失。所以，可以看出，π–π* 轨道在重新成键的过程中，二者的相对能级差不断减小，成键后能级差消失。π 和 π* 轨道是相对的、动态的概念，其能级差也是相对的。从上述分析中还可以得出一个重要的结论，即不会发生分子内的电子跃迁导致的荧光和磷光，因为分子内的电子转移能级差要么非常小，不足以产生荧光和磷光；要么两电子自旋相同，π 键无法愈合。这种分子轨道的影象远比复杂的数学运算来得真实，就像可以触摸和观看一样。从这个意义上说，数学只有最终回到真实的现实中才有意义。比如商品交易，金钱和商品之间的交换。恰如 π-BET 理论中电子的转移，是真实地非常自然地发生的。数学在这里起到了一个帮助和解释交易的作用，但却是先有交易后有数学，而不是数学被用来指导和控制这次交易事件。另外，分子间的作用力和温度、溶剂等也有作用（图 6.3、图 6.4）。

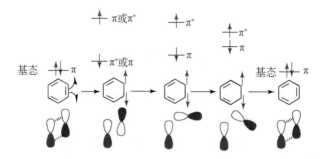

图6.3　苯上的 π 键发生均裂所对应的 π 和 π* 轨道的能级以及两个 p 轨道的相对位置。在 π 键断裂后，π 成键轨道消失，两个自旋相反的电子处于反键轨道，此时能级升高。当两个 p 轨道逐渐旋转到重新开始重叠时，对应的是 π* 轨道的能级不断下降，直至两个 p 轨道逐渐旋转到重新完全重叠时，此时 π* 反键轨道消失，断裂的 π 键重新愈合，分子返回基态从而恢复原状

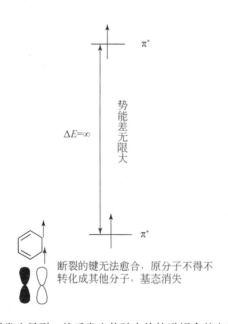

图6.4　苯上的 π 键如果发生异裂，然后发生伴随自旋轨道耦合的电子转移而得到两个自旋相同的电子占据两个相邻 p 轨道，这两个 p 轨道将因为符号相反，永远无法重叠。相当于 π 和 π* 轨道的能级差处于无限远处。断裂的 π 键无法重新愈合，分子无法返回基态从而永远恢复不了原状。此时将发生光化学反应，生成其他物质

（2）根据 MOJab 理论，分子的吸收和发射是由电子在量子化的分子轨道上的激发和跃迁引起的。因而，分子的吸收和发射光谱必然是线状光谱。如同低压

气体原子的吸收和发射光谱一样（图 2.10）。然而，通过实验得到的实际上却多为如图 6.5（b）（溶液中）、（c）（固体中）所示的宽峰。

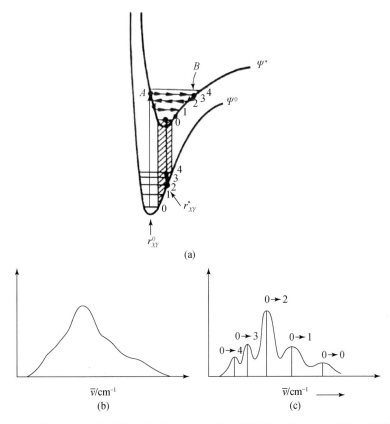

图 6.5　（a）基态和激发态的势能曲线；（b）溶液中的发射光谱；（c）固体中的发射光谱

对此，MOJab 理论给出的解释如下：如图 6.5（a）所示的基态波函数 Ψ^0 和激发态波函数 Ψ^*，垂直地从基态的 0 量子态到 3 量子态也就是 0—3 激发是符合富兰克-康顿原理的吸收。到了激发态的第 3 量子态后，一些微扰特别是溶液中的分子间碰撞导致的分子振动会使其到达第 0 激发态。从而第 0 激发量子态到基态的第 2 量子态也就是 0—2 的跃迁发射概率最大，也最符合富兰克-康顿原理。跃迁发射从激发量子态 0 到基态的量子态 0—4 都有发生，所以发射光谱是宽谱。

如下计算表明，在分子吸收能量导致电子被激发和发生辐射跃迁发射荧光或磷光的过程中，原子核的振动非常频繁而快速地发生。

假设蓝光的波长为 400nm，那么蓝光通过某一点的时间为 400nm/光速 = ~$1.3×10^{-15}$s。电子完成一个玻尔轨道绕行的速度约为 10^{16}/s，也就是说，电子

在 10^{-15}s 内可以移动 10Å。而 10Å 正是大部分有机基团的大小，所以光子的作用时间与电子的运动时间正好相互吻合。另外，化学反应也都是由电子的变化引起，所以 10^{-16}s 也就是化学反应的最小时间。而荧光寿命一般在几十纳秒（10^{-8}s）[8-10]，磷光寿命更是可长达数秒。那么，原子核的运动也就是振动、碰撞、扩散或者反应时间是多长呢？有机分子中最快的振动频率约为 10^{13} 次/s（例如，碳氢键的伸缩振动），最慢的振动频率约为 10^{12} 次/s（例如，碳碳键的弯曲振动）。这就意味着一次振动的发生时间为 $10^{-13} \sim 10^{-12}$s。可以计算在荧光发生的时间内，有机分子能发生 $10^5 \sim 10^6$ 次振动，也就是到十万到百万次振动；在磷光发生的时间内，更是多达 $10^{13} \sim 10^{14}$ 次振动，也就是万亿到十万亿次振动。这是非常惊人的。

富兰克–康顿原理的定义：电子跃迁最可能发生于分子内核的位置与其环境未发生变化之时，在电子激发瞬间，原子核并没有显著的移动，可表示为一种垂直的跃迁。

更精准的富兰克–康顿原理表述如下，①在辐射跃迁中，原子核的几何形状不会由于电子的被吸收激发而发生变化；②在非辐射跃迁中，原子核的运动不会由于电子在轨道间的跃迁而发生变化。

但是，由于荧光和磷光的寿命相对原子核的振动时间非常长，在荧光发生的时间段内，原子核的振动次数多达至少十万到百万次。这又是怎么回事呢？最合理的解释就是经常被荧光寿命和磷光寿命的名词误导，认为荧光和磷光寿命就是荧光和磷光发生或存在的时间。实际上，荧光、磷光发生的时间就是光速穿越激发态和基态的时间。荧光、磷光寿命反映的是激发态的存在时间。富兰克–康顿原理所陈述的事实就是，在如此长的激发态存在的时间内，激发态和基态的结构变化必须很微弱才能持续地产生荧光、磷光，这也是限制荧光、磷光效率的决定性因素。

熟悉实验的读者了解，有机分子的荧光或磷光光谱的覆盖范围非常宽，虽然主峰表现为红、绿、蓝、黄等的发射（$400 \sim 750$nm），但是发射的峰宽覆盖 200nm 左右均很常见。这也意味着，如果用 MOJab 理论来解释分子吸收和发射，吸收或发射的量子态范围在 200nm 以上，甚至达到了跃迁能量间隙的一半。在第 7 章里还设计合成了单分子白光材料，其发光范围覆盖整个可见光区。也就是说，基态和激发态之间的势能差范围很广，这导致基态和激发态之间的形态变化非常大。

π-BET 理论认为：首先，因为有机化合物中均为饱和的共价键，若有电子被激发，该电子必然来自于分子中的 π 键断裂，否则无从查找来源。当 π 键断裂后，就可以从孤对电子上拆分和激发电子了。电子被激发后，可以发生分子内和分子间的电子转移。分子内的电子转移，如果电子的自旋不发生改变，电子转移到邻近的碳正离子上，相当于 π 键的均裂，电子将重新配对成键，不会发生光辐射。电子的自旋如果发生改变，那么自旋相同的电子将无法配对成键，分子将进一步断裂成碎片或转变为其他物质。如果分子中两个 π 键都断裂，发生两次分子内的电子转移并伴随自旋改变，虽然两对电子可以两两配对成键，但是分子内两个以上的 π 键断裂，意味着分子的原子核形状将发生巨大改变，无论是辐射跃迁还是非辐射跃迁，都将难以发生，因为严重违背富兰克–康顿原理。在这点上，π-BET 理论与富兰克–康顿原理完全符合。因此，分子间的电子转移才是正常的、合乎逻辑的。

电子转移过程中，如果自旋角动量发生改变，则必然伴随轨道角动量改变，以便保持总角动量守恒。因为受体碳正离子必然是 sp^2 杂化，这就要求发生异裂给出电子的碳原子，也就是碳负离子必然从 sp^2 杂化变成 sp^3 杂化，从而轨道角动量发生变化，以平衡自旋角动量的变化，如图 6.6 所示。

综上，分子吸收能量导致 π 键断裂后，再次吸收能量发生分子内的电子转移是不能导致辐射跃迁的。所以，分子吸收能量后发生荧光和磷光，必然是分子间的吸收和发射导致，也就是分子间的电子转移。

分子吸收能量，导致 π 键异裂，产生碳正离子和碳负离子。碳正离子采取 sp^2 杂化，碳负离子则既可以采取 sp^2 也可以采取 sp^3 杂化。碳负离子上孤对电子可以发生分子间的电子转移。当 sp^3 杂化的孤对电子吸收能量后被转移到较远处的 sp^2 杂化的碳正离子时，由于电子占据的是不同的杂化轨道，电子的轨道角动量发生了变化，必然伴随着电子的自旋角动量改变，此时的激发态分子实际上是由两个分子构成：一个分子是给体（D1），具有一个 sp^2 杂化的碳正离子和一个 sp^3 杂化或 sp^2 杂化的单电子，这个单电子就是 sp^3 杂化的孤对电子被激发出一个电子所剩余的电子。另一个分子是受体（A1），碳正离子接受一个来自于给体的自由电子而采取 sp^2 杂化状态和具有一对孤对电子的碳负离子，此时仍然采取 sp^3 杂化状态。这个处于激发态的 sp^3 杂化的孤对电子其中一个此时将从 A1 回到基态，也就是返回到给体 D1 分子中的碳正离子，从而发射磷光。

荧光的吸收与发射来源于 sp^2 杂化的碳负离子。也就是分子间的碳负离子向碳正离子的电子转移。由于碳负离子和碳正离子均为 sp^2 杂化，所以这种电子转移并没有伴随轨道的变化，因此也就没有发生自旋轨道耦合。所以是自旋保持的吸收与发射，也就是荧光。

π-BET 理论主张荧光和磷光是分子间的电子转移，而激发态分子都带有电

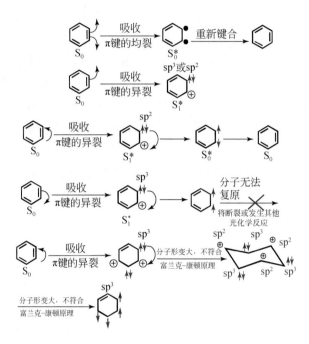

图 6.6 分子吸收能量，导致 π 键异裂，产生碳正离子和碳负离子。碳正离子采取 sp² 杂化。碳负离子则既可以采取 sp² 也可以采取 sp³ 杂化。碳负离子上孤对电子如果发生分子内的电子转移被证明不能导致辐射跃迁。分三种情况：电子转移不发生自旋改变的，将归于均裂，分子很快无辐射跃迁回到基态；电子转移伴随自旋改变的，分子将无法复原到基态，导致分子进一步吸收能量发生断裂或发生其他光化学反应；若有两个 π 键断裂，则分子形变大，严重违背富兰克-康顿原理，不能发生辐射跃迁

荷，因此分子间存在电场，这种电场可以导致激发态势能在分子间的分布各有不同，因而也就是分子光谱变宽的根本原因。π-BET 理论没有否定富兰克-康顿原理，富兰克-康顿原理在 π-BET 理论中仍然起重要作用（图 6.7）。

　　π-BET 理论的一个优点就是基态和激发态的分子结构明确，不似 MOJab 理论那样对基态和激发态全凭对势能的想象或者数学上的量化计算。例如，分子吸收能量进行电子转移前，甚至都不存在激发态，均为准激发态，三重准激发态和

单重准激发态的分子结构分别为 和 。在吸收也就是第一次电子转移发生

后，三重激发态和单重激发态的分子结构分别为 、 和 、 。

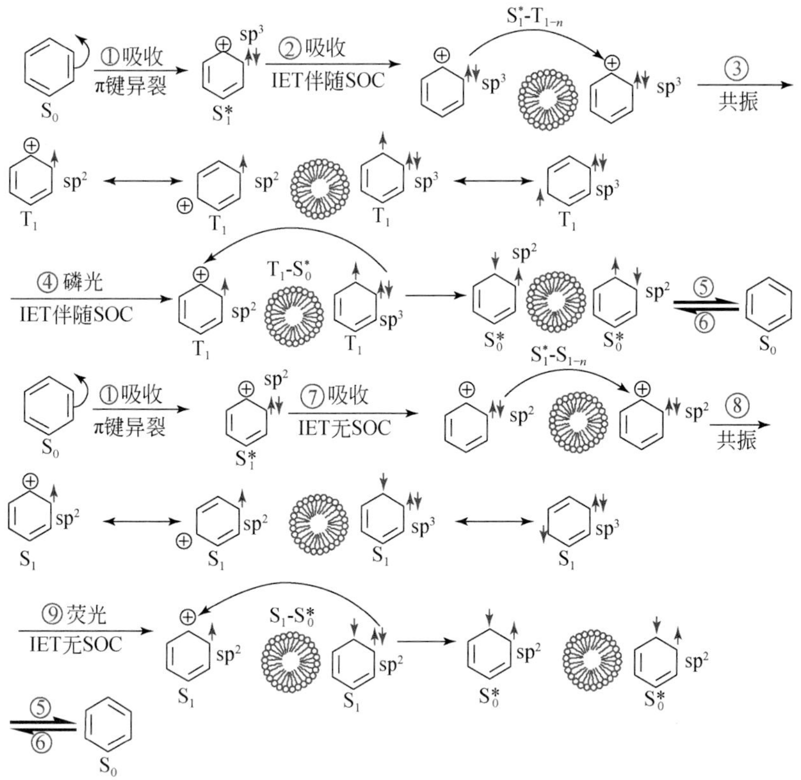

图 6.7　以苯为例，π-BET 理论主张的荧光和磷光发生时所需要的吸收–发射过程。IET，分子间电子转移（intermolecular electron transfer）；SOC，自旋轨道耦合（spin-orbit coupling）。①分子吸收能量导致 π 键异裂；②分子在准激发态基础上进一步吸收能量后，进行分子间电子转移并伴随自旋轨道耦合导致自旋翻转到达激发三重态；③激发三重态分子发生共振以降低势能稳定激发态；④激发三重态分子进行第二次分子间电子转移并伴随自旋轨道耦合导致自旋再次翻转，从而与第一次翻转的电子自旋方向相反，此过程为磷光发射过程；⑤自旋相反的电子发生共振并配对成键导致分子恢复原状到达基态；⑥分子也可以吸收能量发生均裂到达准基态；⑦分子在准激发态基础上进一步吸收能量进行分子间电子转移不伴随自旋轨道耦合导致自旋保持到达激发单重态；⑧激发单重态分子发生共振以降低能量稳定激发态；⑨激发单重态分子进行第二次分子间电子转移不伴随自旋轨道耦合导致自旋再次保持，从而与第一次转移的电子自旋方向相反，此过程为荧光发射过程

在激发态时，此时已经没有基态分子了，当然未受光照射的共价键未断裂的分子除外。当发生第二次电子转移并伴随自旋翻转而产生磷光发射时或者自旋保持而产生荧光发射时，并不是有一个基态分子在那里等着接受来自激发态的电子传

递，而是在电子转移的过程中，受体分子和给体分子的能量都在不断降低，双方几乎是同时到达基态，因为电子转移为光速不需要太多时间。荧光寿命和磷光寿命代表的是激发态存在的时间，而不是电子转移所需要花费的时间。这才是合情合理的电子转移和分子发光（图 6.7）。

（3）在 MOJab 理论中，荧光的发生是通过基态到单重态的电子激发，进而第一激发单重态到基态的跃迁来实现的。磷光的发生则是通过第一激发单重态到三重态的系间窜越 S_1-T_1，然后由第一激发三重态到基态的跃迁 T_1-S_0 来实现的。但是由于 MOJab 理论只给出能级图，其中 S_1-T_1 和 T_1-S_0 是如何实现的，却没有一个清晰的化学结构，这对熟悉有机化学结构式的科研工作者来说，无疑是非常遗憾的。复杂的量子力学计算和数学推导，更是增加了理解的难度。

另外，单纯从势能上来推理，既然 S_1 比 T_1 态势能高，而基态的势能都一样，为什么不会马上从 S_1 跃迁到 S_0 从而只发射荧光，却要经过一个速率常数非常低的系间窜越，到达 T_1 态再返回基态，从而发射磷光？这是非常令人费解的。此外，自旋轨道耦合是如何发生的，更是缺乏清晰的化学图象。

不仅缺乏清晰的化学图象，而且如果 S_1-T_1 态经过系间窜越可以达到，勉强可以理解的话，那么 T_1-S_0 则是违背泡利不相容原理的，是完全禁阻的。泡利不相容原理要求基态的共价键必须是自旋相反的电子配对成键的。所以，如果想从 T_1 到达 S_0，必须再次经历自旋翻转。

π-BET 理论给出了一个异常清晰的荧光、磷光如何产生的化学图象，人们可以通过研究化学结构的变化来研究荧光和磷光产生的机理，非常简单方便。如果把 π-BET 理论中的势能变化绘图出来，也是非常清晰的。

图 6.8 为 π-BET 理论中各种激发态的势能变化。π-BET 理论的能级图与 MOJab 理论的能级图的区别主要有三个：

①增加了一个 S_1^* 态，也就是准激发态；

②经相互独立的激发路径达到的 S_{1-n} 与 T_{1-n} 之间不能互相进行激发、跃迁转换；

③π-BET 理论的能级图非常清晰而严格对应分子结构变化，可以参照图 6.7。

下面列出分子的各种能量状态所对应的分子结构。

①$S_0 \rightarrow S_1^*$，对应的是分子吸收能量后导致的 π 键异裂，称为基态到准激发态。

首先，π 键异裂后产生一个碳正离子和一个碳负离子。碳正离子采取 sp^2 杂化方式，以便与周围的 π 键共轭获得稳定性。碳负离子可能采取 sp^3 杂化方式，

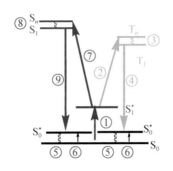

图 6.8　π-BET 理论中，分子在吸收能量进而发生跃迁辐射出荧光和磷光
过程中所处的各种能量状态

也可能采取 sp^2 杂化方式，在能量上各有利弊，所以要根据分子结构的具体情况来区别对待。对大环共轭体系，例如萘、蒽、芘分子，大多采取 sp^2 杂化方式，因为可以通过共轭效应获得稳定性。对于像羰基、氰基等孤立于共轭体系的分子或者存在—S＝O、—C＝N—这样的极性共价键的分子来说，在环境条件如取代基、溶剂、温度允许的情况下，可以采取 sp^3 杂化方式。这样氮氧负离子上的孤对电子可以被当作共价键来看待，其采取四面体形的空间结构也是有利于稳定的（图 6.9）。至此，π-BET 理论从根源上，也就是分子结构上找到了荧光、磷光产生的深刻机制。

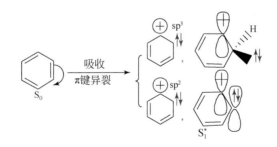

图 6.9　苯吸收能量导致 π 键异裂后产生的碳负离子所采取的电子构型

②$S_1^* \to T_{1-n}$，准激发态到激发三重态。

如图 6.10 所示，π 键异裂产生 sp^3 杂化的碳负离子并到达准激发态后，电子继续吸收能量向另一个具有同样结构的分子的碳正离子转移。这里要强调三个事实：一是富兰克–康顿原理继续起作用，电子转移发生在具有相似结构的 S_1^* 态之间；二是 T_{1-n} 态指碳正离子接受这一个电子后和碳负离子失去这一个电子后的状态，也就是 T_{1-n} 是从 S_1^* 转化而来。可以想象，电子在不断离开碳负离子飞往碳正离子的过程中，由于电子转移造成一个分子带负电荷而另一个分子带正电荷，所以这一对分子的能量不断升高，到最后电子转移完成时，也就共同到达了 T_{1-n} 激发态，处于 T_{1-n} 态的是两个分子，而且此时是没有基态的（基态已消失，未被激发的中性分子除外），只有当第二次电子转移发生时，才会逐渐恢复基态分子同时激发态消失；三是从 sp^3 杂化的碳负离子向 sp^2 杂化的碳正离子进行电子转移，由于电子转移是在不同杂化轨道中进行的，必然伴随着轨道角动量的变化。轨道角动量的变化必然需要自旋角动量的变化来补偿。

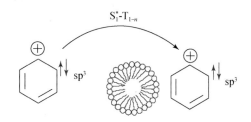

图 6.10　$S_1^* \rightarrow T_{1-n}$ 激发对应的分子结构变化

③ $T_n \rightarrow T_1$，三重态之间的内转换。MOJab 理论称为"内转换"，在 π-BET 理论对应的是化学结构上的共振。共振可以降低能量，从而达到最低三重态（图 6.11）。

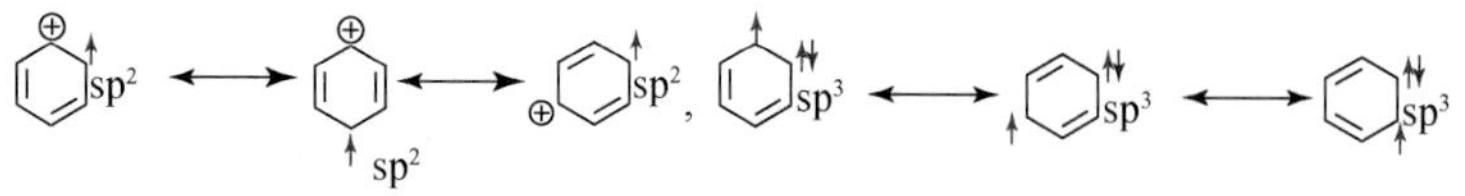

图 6.11　$T_n \rightarrow T_1$ 对应的分子结构变化。在左边的三个分子中，单电子所在的碳原子
可以采取 sp^3 杂化，也可以采取 sp^2 杂化

④ $T_1 \rightarrow S_0^*$，第一激发三重态到准基态的跃迁，产生磷光。这是磷光产生的最深刻机理。在 MOJab 理论中，磷光的产生是禁阻的跃迁，不符合泡利不相容原理。至少，自旋轨道耦合的深刻机制没有解释。在 π-BET 理论中，磷光是自然而然发生的，完全符合化学结构稳定性的需求，不存在禁阻的问题。

　　需要注意的是，在 π-BET 理论的 T_1 中，当其中的一个电子发生伴随自旋轨道耦合转移到另一个分子的碳正离子时，自旋相同的两个电子是存在于两个独立的分子中的。这两个自旋相同的电子从碳负离子的孤对电子中分离得到。当 $T_1 \rightarrow$

S_0^* 将要发生时，总能从给体的孤对电子中自动甄别出一个和受体的单电子自旋相同的电子，这种甄别是自动进行的，既是角动量守恒的要求，也是最低能量原则的需求。从而这个电子在磷光发生过程中，再次发生自旋轨道耦合，最终这两个分子上的 4 个电子，两两重新自旋相反，配对成键，到达基态（图 6.12）。

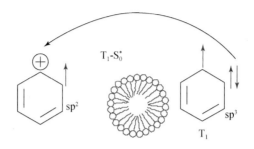

图 6.12　$T_1 \to S_0^*$ 跃迁所对应的分子结构变化

这里要强调的是磷光寿命的定义。寿命的精确定义为返回基态之前分子耽搁在激发态的平均时间，或者处于激发态分子的数目衰减到原来的 $1/e$ 所经历的时间。π-BET 理论中，磷光就是分子间的 sp^3 杂化的电子向 sp^2 杂化的碳正离子的转移。不能理解成磷光寿命就是这种电子转移所花费的时间。在实践中，磷光的寿命一般为微秒到秒。那么光在 10^{-6}s 内所行走的距离为 300m，显然这不是我们平时所使用的比色皿的宽度范围或固体膜的范围。按照光速不变原理，磷光的速度依然是 3×10^8m/s。而一般的比色皿的宽度为 1cm，磷光从这头到那头也只不过花费约 3×10^{-11}s。所以要正确理解磷光寿命为激发态存在的平均时间。

⑤$S_0^* \to S_0$，这一过程应该称为分子从"准基态"键合成基态。也就是两个自旋相反的电子，准备组成共价键到达基态。在键合前也可以发生共振，从而使能量进一步降低（图 6.13）。这一过程是图 6.6 中的 π 键发生均裂的逆过程。

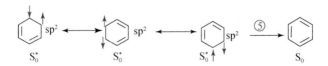

图 6.13　$S_0^* \to S_0$ 过程对应的分子结构变化

⑥$S_0 \to S_0^*$，基态到准基态。

分子吸收很少的能量发生均裂（图 6.14）。此为图 6.13 所示过程的逆过程。图 6.14 中的上下箭头表示自旋相反的自由电子。

图 6.14　$S_0 \rightarrow S_0^*$ 过程对应的分子结构变化

⑦$S_1^* \rightarrow S_{n-1}$，准激发态到激发单重态。

如图 6.15 所示，这一过程对应的是 π 键异裂产生 sp^2 杂化的碳负离子后，电子继续吸收能量向另一个具有同样结构的分子的碳正离子转移。显然，三个重要的事实仍然存在：一是富兰克-康顿原理继续起作用，电子转移发生在具有相似结构的 S_1^* 态之间；二是 S_{n-1} 各态指碳正离子接受这一个电子后和碳负离子失去这一个电子后的状态，也就是 S_{n-1} 也是从 S_1^* 转化而来。可以想象，电子在不断离开碳负离子飞往碳正离子的过程中，这一对分子的能量不断升高，最后电子转移完成时，也就共同到达了 S_{n-1} 各态，此时基态消失；三是从 sp^2 杂化的碳负离子向 sp^2 杂化的碳正离子进行电子转移，由于电子转移是在相同的杂化轨道中进行的，轨道角动量没有变化，所以不需要自旋角动量发生变化来补偿。因此，是否发生自旋轨道耦合有一个非常容易理解和清晰的分子结构。在了解了磷光产生机制中自旋轨道耦合发生之后，也就更加明白了自旋轨道不耦合也是自然的光物理过程。

图 6.15　$S_1^* \rightarrow S_{n-1}$ 过程对应的分子结构变化

⑧$S_n \rightarrow S_1$，单重态之间的内转换。主要通过共振实现（图 6.16）。

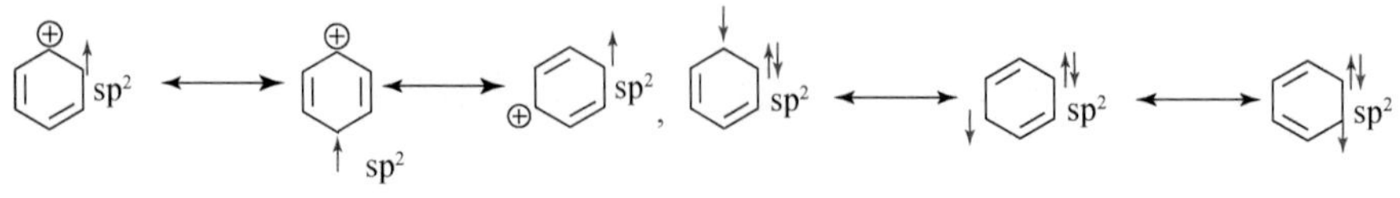

图 6.16　$S_n \rightarrow S_1$ 过程对应的分子结构变化

⑨$S_1 \rightarrow S_0^*$，从第一激发单重态到准基态的跃迁，产生荧光（图 6.17）。从图 6.17 可以清楚地看出，电子从 sp^2 杂化的碳负离子转移到同样 sp^2 杂化的碳正离子，轨道角动量没有发生改变，所以电子自身也不需要改变自旋方向，从而也没有发生自旋轨道耦合。

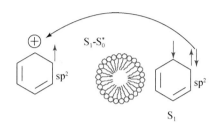

$S_1 - S_0^*$

S_1

图 6.17　$S_1 \rightarrow S_0^*$ 过程对应的分子结构变化

（4）π-BET 理论对磷光发生的机制以及磷光的长寿命给出了解释。

π-BET 理论，由于给出了清晰的分子结构，就可以从荧光、磷光的原始定义来解释磷光为什么比荧光的寿命长。也就是可以从激发态的稳定性来比较磷光和荧光的寿命。激发态越稳定，那么电子滞留在激发态的时间就越长，辐射衰减的寿命也就越长。

如果存在结构上或者环境上的有利因素，例如特殊的基团、除氧、低温、溶剂等，T_1 激发态的构型将得以稳定，由于孤对电子采取 sp^3 杂化，两个碳原子核之间的距离显著增大，致使三重态中具有单电子的碳自由基与碳正离子之间、孤对电子与单电子之间排斥力将减小。在 S_1 态中，具有单电子的碳自由基与碳正离子之间、孤对电子和单电子均采取 sp^2 杂化，是平行排列的，所以相互之间的排斥力会增大导致寿命缩短。因此，T_1 态比 S_1 态稳定得多。这才是磷光寿命长的根本原因。这种解释还有强大的实验支撑，即单重态的势能总是比三重态的势能高。荧光发射波长总是比磷光发射波长短。这也是 MOJab 理论承认的。这从另一个侧面说明，在磷光发生时，三重态的稳定性高于单重态的稳定性（图 6.18）。

Jabłoński 能级图的主要缺点如下：

①Jabłoński 能级图表示的仅仅是电子在分子内吸收和发射时的势能变化。实际上，在讨论分子对光的吸收和发射时，必须要考虑电子所处的轨道角动量和自旋角动量的变化，也就是说，分子在吸收和发射这一过程结束后，必须要同时达到能量守恒和角动量守恒。Jabłoński 能级图体现的仅仅是能量的守恒。

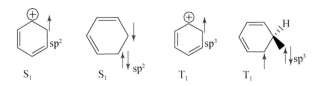

图 6.18　单重态和三重态时所对应的分子结构

②当基态上的电子被激发到激发态时，Jabloński 能级图主张的是分子内电子的跃迁，从而整个分子仍然是电中性的，此时分子仍然处于基态。也就是说，电子的激发和跃迁在 Jabloński 能级图里对分子结构没有显著影响，所以本质上无法从分子结构入手来研究电子的激发和跃迁。

③基于缺点①，不能直观感受系间窜越是如何发生的。

④基于缺点①，不能理解磷光是如何发生的。

（5）MOJab 理论的另一疑问就是，MOJab 理论阐明的电子是直接从成键轨道经"分子内"电子转移到达反键轨道的。而作为多原子分子的整体，反键分子轨道到底在哪里？一般两原子成键形成分子轨道，可以模糊理解有反键轨道。例如，乙烯中的 π 成键轨道可以理解成碳原子上的两个与 sp^2 杂化轨道垂直的 p 轨道上的电子组成共价键得到的；反键轨道 π* 可以理解成"π 轨道瞬间的均裂"，即乙烯分子在某一时刻可以允许有"瞬间的 p 轨道电子不相重叠"。但是用 MOJab 理论来分析复杂分子作为一个整体在吸收能量后的状态时，却很难设想这种反键轨道的存在。因为分子整体是由多原子构成的，那么这个分子的整体的反键轨道在哪里？一个分子只有一个能级清晰的反键分子轨道在那里等着接受被激发的电子吗？这显然不合逻辑并超出了想像。事实上，分子轨道理论在处理多原子分子时，本身就遇到了许多困难，导致量子化学计算非常复杂难解。总之，单个原子的不同能级可以理解，因为电子可以在不同量子层绕核旋转。原子光谱是原子内的不同能级跃迁造成的。多原子组成的分子内的能级难以理解。所以，除了成键轨道和反键轨道，MO 又引入了 LUMO（最低未占分子轨道）和 HOMO（最高占据分子轨道）的概念。也就是说，分子中存在简单的线型分子轨道，电子的吸收和发射都是发生在从 HOMO 到 LUMO 之间这条路径，这只能导致线状光谱。这种概念实际上也是分子内电子转移。但无论是 MO，还是 Jabloński 能级图，又或是 HOMO 和 LUMO 之间的跃迁，都没有指明此时分子的化学结构处于什么状态。但是只要有电子被激发，就必须明确这个电子是从哪里来的，又会被激发到哪里且怎么返回。同时，电子的激发和跃迁必然伴随着分子结构的变化。

π-BET 理论中，始终不曾离开分子结构变化的讨论。

6.2　π-BET 理论对经典有机发光现象的解释

6.2.1　斯托克斯位移

荧光发射波长总是大于吸收的波长。斯托克斯早在 1852 年就观察到这种波长移动的现象，因而称为斯托克斯位移[11]。

MOJab 理论对斯托克斯位移的解释主要是归因于"内转换"。也就是说，激发与发射之间的能量损耗，主要是由于激发态的较高振动能级到第一激发态之间的内转换和振动弛豫。荧光发射可以使激发态分子衰变到基态的各种不同振动能级，然后进一步损失振动能量，这也造成了斯托克斯位移。此外，激发态分子所发生的其他光化学反应或者溶剂效应等也会加大斯托克斯位移。

从如图 6.8 所示的 π-BET 理论的能级图可以看到，π 键的异裂，也就是基态到准激发态之间的能量吸收，是斯托克斯位移产生的一大原因。分子吸收要经历这一过程。分子发射却不经历这一过程，直接从激发态到达准基态。从激发到发射的能量损耗，主要用在 π 键的断裂上。π 键的断裂不对发射光谱做出贡献。

6.2.2　卡莎规则[12]

MOJab 理论认为，基态分子吸收能量生成单重激发态，单重激发态之间有势能高低。激发态之间的跃迁是非常快速的，迅速到达第一激发单重态，然后发生光化学或光物理过程。同样，激发三重态之间也有势能高低，重要的光化学和光物理过程也都是在最低激发三重态上进行的。

π-BET 理论可以从化学结构上的共振清晰地展示卡莎规则。从图 6.11 和

图 6.16可以看到，激发态的分子结构主要有四种：、

这四种结构都可以通过共振得以稳定能量，使势能进一步降低。这是卡莎规则的主要起因。

6.2.3　发射光谱与吸收光谱的镜像关系

MOJab 理论认为，发射光谱由分子第一激发单重态或三重态辐射跃迁到基态的各个不同振动能级形成。所以发射光谱与基态中振动能级的分布情况有关。吸

收光谱的形成是由于基态分子被激发到激发态的各个不同振动能级所引起。一般情况下，基态和激发态的振动能级是相似的。根据富兰克-康顿原理，电子的跃迁可以用两个势能面的垂直线表示。假如在吸收光谱中 0—2 振动带的激发概率最大，则在发射光谱中其相反的跃迁概率也应该最大，因而形成激发光谱和发射光谱的镜像关系（图 6.19）。

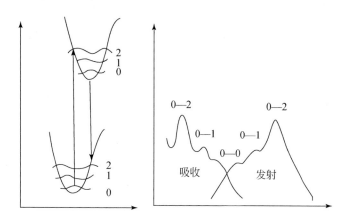

图 6.19　量子力学对吸收光谱和发射光谱的镜像关系的解释

π-BET 理论可以从化学结构上给出清晰而直观的解释。从图 6.7 可以看到，吸收是从碳负离子到碳正离子的电子转移，吸收的结果是产生了一对带正负相反电荷的激发态分子。发射也是从碳负离子到碳正离子的电子转移，发射的结果是将一对带正负相反电荷的激发态分子转变为中性分子。发射可以看作吸收的逆过程，因此吸收光谱和发射光谱具有镜像对称性。

6.2.4　氧对磷光的猝灭

氧气可以有效地猝灭磷光，精密的磷光实验都要进行除氧操作，特别是在溶液中。但是，迄今为止，氧气猝灭磷光的机制还没有研究清楚。

而 π-BET 理论可以尝试解答这个问题。

比较氮气和氧气的电子构型（图 6.20）。

氮气中没有单电子。每个氮原子都是 sp 杂化，氮分子是直线型的。每个氮原子用 sp 杂化后的单电子组成 σ 键，剩余的两个单电子组成两个 π 键。两个氧原子也是 sp 杂化，不同的是氧原子比氮原子多一个电子，那么氧分子需要两个氧原子成键也就多出了两个电子。因而，当两个单电子组成一个 σ 键后，剩余的两个单电子就无法再组成 π 键，因为如果那样的话，剩余的两对孤对电子就得采

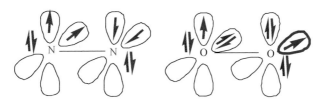

图 6.20　氮气和氧气的电子构型比较

取 p 轨道的肩并肩排列，这样电子对之间的排斥力非常大，在能量上不允许。因此在氧分子中，每个氧原子的单电子所在的 p 轨道与相邻的氧原子的孤对电子所在的 p 轨道都是互相平行的关系，这样一种三电子肩并肩平行排列虽然没有组成一个有效的共价键，但避免了两对电子之间的排斥力。氧气只能组成"二中心三电子键"。这种"Π_2^3"键的键合程度是非常微弱的。氧的顺磁性也验证了这一结构的正确性。因为顺磁性说明成单电子。反之，这一结构也说明氧气的顺磁性。进一步的实验证明，氧气中的两个单电子自旋方向相同，因而氧气是三线态的。

以本为例，图 6.21 说明了氧气可以猝灭磷光却不猝灭荧光的机制。

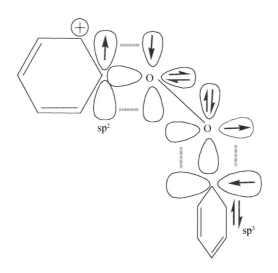

图 6.21　氧气与磷光激发态双分子的结合

在磷光激发三重态分子中，单电子的自旋方向相同，氧气的两个单电子自旋方向也相同。所以，氧气可以和磷光激发态的两个激发态分子，两两配对成某种程度上的分子间 π 键。这样做的结果是将磷光过程中的电子转移限制在相邻分子之间，从而使激发态的正负电荷相互吸引程度增大，组成了一种具有聚集态结构的中性分子，造成下一步的激发态到基态间的电子转移从具有正负电荷的分子之间变成了分子内的中性分子的两极之间的电子转移，从而大大限制了一部分分子之间的电子转移的自由度，从而猝灭了磷光。如果在流动性高的介质中，例如溶液，氧气猝灭磷光更明显，因为氧气可以作为桥把激发态分子连接起来。

　　在荧光的激发态和基态中，给体（基态）和受体（激发态）分子上的单电子自旋方向相反，所以由于氧气的两个单电子自旋方向相同，氧气不可以与荧光的基态分子和激发态分子两两配对成某种程度上的分子间 π 键。从而不影响激发态到基态间的电子转移，也就不对荧光产生影响。

6.2.5　低温更有利于磷光发射

　　低温更有利于磷光发射，这是被实验证实的。

　　为什么低温更有利于磷光发射？π-BET 理论简单明了地回答这个问题。

　　下面以二苯甲酮为例给出更详细的分析。

　　如图 6.22 所示，在低温下，碳氧双键在光照下发生异裂，孤对电子落在氧原子上。氧原子在低温下采取 sp³ 杂化并可暂时保持亚稳态。亚稳态有利于下一步的电子转移。当温度升高后，碳氧单键的转动性增大，氧原子上的三对孤对电子在仍然采取 sp³ 杂化的情况下仍绕碳氧 σ 单键旋转，从而产生一种新的自旋角动量，这种自旋角动量可以命名为"轨道自旋角动量"。轨道自旋角动量的存在，致使电子无法发生转移，因为如果发生电子转移，需要满足三种角动量守恒，即自旋角动量守恒、轨道角动量守恒和轨道自旋角动量守恒。但在不同轨道间的电子转移过程中，这三种角动量很难同时保持守恒，所以也就无法产生磷光。

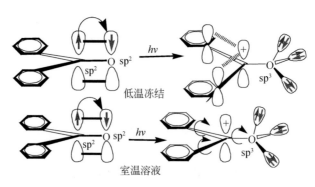

图 6.22　温度对二苯甲酮的磷光发射影响机制

轨道自旋角动量是 π-BET 理论对发光理论的贡献。

6.2.6　浓度猝灭

浓度和温度的影响类似，是被普遍观察到的实验现象。一般归因于如下两个原因："自吸收"和"激基复合物"。

自吸收，也就是在极稀的溶液中，入射光很容易穿过石英器皿（一般为 1 cm 宽的比色池），发光均匀地分布在池体中；而对于较浓溶液，比色池前部的发光分子强烈吸收入射光后而发出比较强的光。中后部的发光分子，入射光的强度大大减弱而使发光强度大大下降。

激基复合物，就是当分子浓度增大时，基态分子会形成一种"分子对"，这种分子对的存在会增大分子间成对电子的排斥力，从而提高势能进而降低基态到激发态的势能差，结果出现一种新的波长红移的激基复合物发射峰。

但是基态分子都是中性分子，中性分子间很难理解能形成分子对。

π-BET 理论中，π 键异裂产生处于准激发态的碳正离子和碳负离子，之后发生电子转移，当碳负离子的孤对电子被拆开后，其中一个电子被转移到另一个分子，这样两个分子就成了激发态分子且一个带负电荷另一个带正电荷。因而，激发态体系中激发态分子和准激发态分子都存在正负电荷的吸引，从而当浓度升高时，比色池前部会因为正负电荷的吸引而产生聚集体阻挡光线进入中后部，这是自吸收产生的原因，也是激基复合物的本质。这也与激基复合物的光谱红移和效率降低吻合。因为正负电荷聚集体的形成稳定了激发态分子，从而降低了激发态的势能，必然造成发射红移。正负电荷聚集体的形成又减少了激发态分子浓度，从而降低了发射效率。激基复合物的原理恰巧和氧气猝灭磷光的机理吻合，即均为形成分子聚集体的机制，也从侧面证实了 π-BET 理论的实用性和有效性。

6.2.7　重原子效应

重原子效应有溶剂重原子效应以及配合物中的金属配体的重原子效应。重原子效应一般会增强磷光、减弱荧光。对此，MOJab 理论的解释是重原子的存在可以增强系间窜越 $S_1 \rightarrow T_1$。

π-BET 理论中，荧光发射和磷光发射是相互独立的过程。不存在 $S_1 \rightarrow T_1$ 的系间窜越，因为很难设想在 S_1 态的采取 sp^2 杂化的碳负离子，不马上发生电子转移发射荧光，而发生 sp^2 杂化到 sp^3 杂化的转变后再发生电子转移发射磷光。即使在 S_1 态发生了 sp^2 杂化到 sp^3 杂化的转变，也很难想象 sp^3 杂化的碳负离子再向其他分子进行电子转移发射磷光，因为这样，分子中将有两个自旋相同的电子，导致分子难以复原，不能返回基态。发生磷光时，分子中需两对自旋相同的电子，两两配对成键。所以，π-BET 理论未采用重原子可以促进 $S_1 \to T_1$ 系间窜越来解释增强了的磷光发射。

实践中，铅原子的原子序数为 82，比原子序数为 77 的 Ir 原子要重，却很少见到报道可以增强磷光。第 7 章涉及 8-羟基喹啉与铅的配合物的发光效率，其效率很低，而且不是磷光发射。

π-BET 理论综合考虑配合物的成键、酸碱性、电负性、核电荷数等因素，重原子效应体现在电子转移过程中帮助实现自旋轨道耦合方面。

MLCT 或 LMCT（metal-to-ligand or ligand-to-metal charge transfer）指金属到配体或配体到金属的电荷转移，起源于 20 世纪 60～70 年代的研究[13-18]，主要指金属/配体的氧化/还原态通过内部转换到达低能级的激发态或者直接到达基态。实际上，这种电荷转移可以理解成电子转移，charge 可改成 electron，MLCT 或 LMCT 可改成 MLET 或 LMET。分子间的电子转移是 π-BET 理论的核心。MLCT 或 LMCT 的研究发现也是对 π-BET 理论的强有力支持，因为分子间的电子转移有可能通过重金属离子中继。详细的重原子效应还可以参看 7.10 节。

6.2.8　荧光发射总是比磷光发射波长短

有经验的科研人员总会发现，所有的荧光发射都比磷光发射波长短，这在 MOJab 理论中很容易得到解释，那就是 S_1 态比 T_1 态势能高。但是为什么 S_1 态总是比 T_1 态势能高？

π-BET 理论能从分析单重态和三重态的分子结构中尝试找到答案。

对于如图 6.18 所示的激发单重态分子结构来说，碳原子上的单电子和相邻碳原子上的孤对电子均采取 sp^2 杂化，这样的平行结构，虽然会产生某种程度的类似 π 键的键合，三电子两中心键可以起到固定碳负离子的作用，但是在激发态中，键处于断裂状态，相邻碳原子之间的排斥力比较大、势能高。

对于激发三重态来说，碳负离子采取 sp^3 杂化，这就是非平行结构，因而碳自由基与碳负离子之间的排斥力减小，势能比较低。这种由 π-BET 理论导出的激发三重态比激发单重态稳定的概念，从前面的讨论中也可以看到，既解释了磷光寿命长，也能解释磷光光谱波长长，二者相互印证，相互支持。

6.2.9　延迟发光

延迟发光最早在 20 世纪 50～60 年代早期蒽的气相和吖啶的甘油溶液中观察到[19,20]。20 世纪 70 年代的早期，总结出延迟发光的两种机制：热活化延迟发光

(thermally activated delayed fluorescence，TADF) 机制[21-23]和 三重态–三重态湮灭机制[24,25]。近年来，研究人员使用了一系列有机材料获得高电致发光效率[26-28]。

基于 MOJab 理论的热活化的延迟发光的机理为：$T_1 \longrightarrow S_1 \longrightarrow S_0 + h\nu$。也就是处于激发三重态 T_1 的分子，经热活化吸收能量后转换到 S_1 激发态，然后由 S_1 激发态经历辐射跃迁产生荧光。在这种情况下，单重态和三重态的布居是处于热平衡的，因此延迟发光的寿命与所伴随的磷光的寿命相同。

延迟发光的 MOJab 机制存在如下疑问：

①分子已经从 S_1 经系间窜越到达 T_1，而且按照 MOJab 理论，通常情况下，$S_1 \rightarrow T_1$ 的系间窜越速率常数并不高。那么为什么还要费尽千辛万苦从 S_1 到达 T_1 却折返回去？这非常令人不解。

②热能是通过分子间运动也就是原子核的运动传导的。按照富兰克–康顿原理，电子的跃迁比核的跃迁快，核的运动不影响跃迁。同时，热运动是宏观性质的，而光发射涉及电子跃迁，是微观性质的，热能不能直接对跃迁电子施加作用力。因而，在热激励的延迟发光中，MOJab 理论与富兰克–康顿原理严重矛盾。

③延迟发光实际上在实验中是难以观察到的。按照延迟发光的定义，延迟发光的光谱发射峰位置应该在单重态的荧光发射位置，而寿命应该是长时间的三重态寿命。但是，实际上 $T_1 \rightarrow S_1$ 的反向系间窜越是一种吸收过程，是不应被计算在发射寿命中的。发射寿命按照定义。就是 $S_1 \rightarrow S_0 + h\nu$ 的过程，这个过程必然是短寿命的荧光，因而是纯粹的荧光。

④延迟发光实际上在实验中难以观察到还体现在即使按照热激励的延迟发光的定义，把 $T_1 \rightarrow S_1$ 的反向系间窜越看作一种发射过程，那么实验中应该观察到这样的现象：即在低温下，延迟发光峰是长寿命的，而随着温度的升高，发光峰应该逐步蓝移，同时发光寿命变成短寿命。所以③和④实际上是相互矛盾的。综上，延迟发光既难以理解也难以观测，其定义非常模糊。

按照 π-BET 理论，荧光发射和磷光发射是相互独立的过程。不存在 $S_1 \rightarrow T_1$ 的系间窜越，也不会发生 $T_1 \rightarrow S_1$ 的反向系间窜越。因为如前所述，很难设想在 S_1 态采取 sp^2 杂化的碳负离子，不马上发生电子转移而发射荧光，而先发生 sp^2 杂化到 sp^3 杂化的转变。即使发生了 sp^2 杂化到 sp^3 杂化的转变，也很难想象 sp^3 杂化的碳负离子再向其他分子进行电子转移发射磷光，因为这样的话，分子中将有两个而不是两对自旋相同的电子，导致分子难以复原，不能返回基态。所以，π-BET 理论未采用 $S_1 \rightarrow T_1$ 系间窜越来解释磷光发射，也未采用 $T_1 \rightarrow S_1$ 反向系间窜越来解释延迟发光。文献报道的观测到的延迟发光现象，有可能是分子既有 sp^2 杂化也有 sp^3 杂化，是一种荧光和磷光的混合发射，而热能促进发射波长蓝移且寿命变化。

6.2.10　聚集诱导发光（AIE）

聚集诱导发光（aggregation- induced emission，AIE）是相对于 6.2.6 小节"浓度猝灭"提出来的[29]。其机制被认为是分子内旋转受限（restriction of intramolecular rotation）。这种机制其实很好理解：当分子具有某种特殊的结构，例如六苯基噻咯这种六个苯基可以像直升机螺旋片一样的空间构型时，当分子密集堆积时，相邻分子之间可以因为这种旋转的"叶片"互相卡紧而造成分子间运动受限，而不是分子内旋转受限，从而更有利于符合富兰克–康顿原理的辐射跃迁发生。在 π-BET 理论的解释中，激发态体系中存在正负电荷的吸引，从而当浓度升高时，这种"叶片卡紧"作用可以限制正负电荷的相互吸引而造成的移动，也就减少了激基复合物的形成，从而增强了荧光。所以，从这个角度看，分子"叶片"效应限制了浓度猝灭，而不是增强了浓度猝灭。

6.2.11　电致磷光效率高于电致荧光效率

有机电致发光是将有机分子或高分子荧光、磷光材料做成薄膜，然后向此薄膜通以几伏到十几伏的直流电，产生比较高的电场，促使空穴和电子复合，从而产生电致荧光或磷光。该技术采用有机材料，有机材料具有易合成、材料选择范围宽、颜色鲜艳的优点。此外，驱动电压低、视角宽、超薄等也是优势，故该技术可用于平面显示和白光照明。

典型的有机电致发光器件所使用的材料和结构如图 6.23 所示。

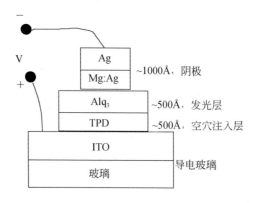

图 6.23　典型的有机电致发光器件所使用的材料和结构

限制有机电致发光技术快速大规模市场化的一个主要因素就是有机电致发光

器件的效率问题。当器件的效率比较低时，大部分能量转化为热能而不是光能，促使有机电致发光器件材料分解、器件老化和亮度衰减不稳定。

提高有机电致发光效率的方法除了提高有机发光材料本身的发光效率和改善器件结构等外，目前理论上对发光材料的种类与有机电致发光效率的关系问题还存在认识上的误区，从而阻碍了 OLED 突破。

根据 π-BET 理论，有机化合物接受激发能，继而首先发生 π 键的异裂，然后进行伴随自旋轨道耦合的电子转移和不伴随自旋轨道耦合的电子转移，前者发磷光，后者发荧光。如果把这种机制用于有机电致发光器件中进而对发光效率进行解读，那么电致磷光比电致荧光效率高的原因就容易理解了。

如图 6.24 所示，有机电致发光器件中，按照 π-BET 理论发光机制得到的推论，即 OLED 器件会产生一个与器件外部所施加的电场方向相反的抵抗电场[32]。

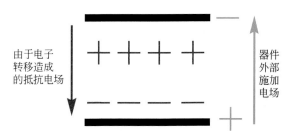

图 6.24　根据 π-BET 理论，有机电致发光器件会因为电子逆电流方向转移而形成抵抗电场，即有机物碳负离子或氧负离子上的孤对电子被拆开并在器件外部电场作用下进行电子转移，电子向正极移动，从而形成抵抗电场

图 6.25 表明，在有机电致发光器件中，按照 π-BET 理论得到的发光机制，由于在电致磷光中，处于激发态的两个电子由于自旋方向相同，产生的自旋电磁场方向也相同，因而相互吸引，造成电子转移的数量多、电子迁移距离短、抵抗电场强度高，电致磷光效率也高。在电致荧光中，情形正好相反。处于激发态的两个分子由于自旋方向相反，产生的自旋电磁场方向也相反，因而相互排斥，从而造成电子转移的数量少、电子迁移距离长、抵抗电场强度低，电致荧光效率也低。

如图 6.26 所示为给真实的有机电致发光器件施加脉冲电压而得到的输出电压、电流曲线。可以看出，在脉冲电压间隙，也就是器件没有外部电场的情况下，器件内部仍然有反向抵抗电压和电流。这个实验不仅验证了 π-BET 理论对电致磷光效率高的新解释，而且也验证了 π-BET 理论本身。电子转移可视化了，

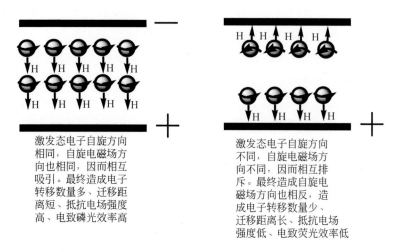

激发态电子自旋方向相同，自旋电磁场方向也相同，因而相互吸引。最终造成电子转移数量多、迁移距离短、抵抗电场强度高、电致磷光效率高

激发态电子自旋方向不同，自旋电磁场方向不同，因而相互排斥。最终造成自旋电磁场方向也相反，造成电子转移数量少、迁移距离长、抵抗电场强度低、电致荧光效率低

图 6.25　根据 π-BET 理论，有机电致发光器件因为电子转移而形成抵抗电场后，电子自旋方向不同的单重态和三重态也会相应地产生两种不同的电磁场

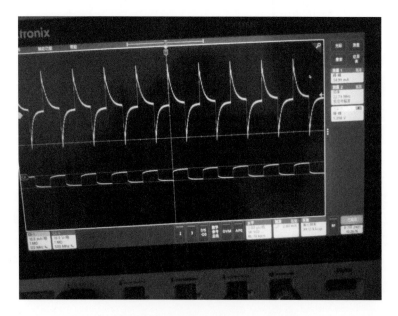

图 6.26　给真实的有机电致发光器件施加脉冲电压而得到的输出电压、电流曲线。图的下部为脉冲电压，上部为得到的脉冲电流。很明显，在脉冲电压的高电平期（5V），脉冲电流是正向的。在脉冲电压的低电平期（0V），器件仍有一个很强的反向脉冲电流。这正是抵抗电场存在的实验证据

因为 π 键断裂和分子间电子转移正是该理论的基石。

6.2.12 稀土配合物的电致发光效率低

稀土配合物是典型的磷光材料。这种磷光材料却很少有报道用在有机电致发光上[31]。这与文献[30]中及后来广泛采用的 1+3 大于 1 的电致磷光效率高于电致荧光效率的解读背道而驰，从而也启示我们前述 1+3 大于 1 的解释与实际不符。而且，稀土配合物的发光谱带窄，发光颜色鲜艳、锐利，是绝佳的发光材料。其没有被有机电致发光利用，确实"屈才"。

用 π-BET 理论深入考察稀土配合物的发光机理，发现在稀土配合物的发光中，电子转移发生在配体到稀土原子的"分子内"（见 7.15 节），稀土原子发生电子在原子内跃迁产生磷光发射。因而，在电致磷光中，稀土配合物由于这种"分子内"电子转移而无法形成高效的抵抗电场，电子转移效率低，造成有机电致发光的效率低。基于这种机制，实践中稀土发光材料始终没有在有机电致发光中得到大规模应用，是非常符合 π-BET 理论的，也证明了 π-BET 理论中其他非稀土配合物发光材料是采用分子间电子转移来实现电致发光的机制[32]。

参 考 文 献

[1] Mulliken R S. The assignment of quantum numbers for electrons in molecules I. Phys. Rev., 1928, 32: 186.

[2] Hund F. Zur Deutung einiger erscheinungen in den molekelspektren. Z. Physik, 1926, 36: 657-674; Zur Deutung der molekelspektren I, 1927, 40: 742-764; Zur Deutung der molekelspektren II, 1927, 42: 93-120; Zur Deutung der molekelspektren III, 1927, 43: 805-826; Zur Deutung der molekelspektren IV, 1928, 51: 759-795.

[3] Jabłoński A. Über den mechanismsdes photolumineszenz von farbstoffphosphoren. Z. Phys., 1935, 94: 38-46.

[4] Turro N J. Modern Molecular Photochemistry. Sausalito, California: University Science Books, 1991.

[5] 高希存, 魏滨, 吴志平, 等. 有机化合物中磷光产生的方法: 201510745802. X. 2015-11-06.

[6] 高希存, 魏斌. 有机化合物吸收近紫外可见光、电产生荧光和磷光的方法: 201510915062. X. 2015-12-10.

[7] Gao X C. Manuscript submitted to (a), Nature 2015-1-13955, Breakthrough in organic phosphorescence, (b), Science aad6685, Breakthrough in organic phosphorescence, (c), Nature Photonics Nphot 2015-11-01369, General mechanism for organic phosphorescence.

[8] Gong X. Phosphorescence from iridium complexes doped into polymer blends. J. Appl. Phys. , 2004, 95: 948-953.

[9] Glimsdal E, Carlsson M, Eliasson B, et al. Excited states and two-photon absorption of some novel thiophenyl Pt (II) -Ethynyl derivatives. J. Phys. Chem. A, 2007, 111: 244-250.

[10] Lindgren M. Electronic states and phosphorescence of dendron functionalized platinum (II) acetylides. J. Lumin. , 2007, 124: 302-310.

[11] Stokes G G. On the change of refrangibility of light. Phil. Trans. R. Soc. , 1852, 142: 463-562.

[12] Kasha M. Characterization of electronic transitions in complex molecules. Disc. Faraday Soc. , 1950, 9: 14-19.

[13] Barnum D W. Electronic absorption spectra of acetylacetonato complexes-II HüCkel LCAO_ MO calculations for complexes with trivalent transition metal ions. J. Inorg. Nucl. Chem. , 1961, 22: 183-191.

[14] Ford P, Rudd De F P, Gaunder R, et al. Synthesis and properties of pentaamminepy-ridineruthenium (II) and related pentaammineruthenium complexes of aromatic nitrogen heteocycles. J. Am. Chem. Soc. , 1968, 90: 1187-1194.

[15] Hanazaki I, Hanazaki F, Nagakura S. Electronic structures of the tris (acetylacetonato) complexes of the iron-series transition-metal ions. I. general theory and its applications to simple complexes. J. Chem. Phys. , 1969, 50: 265-276.

[16] Ford P, Stuermer D H, McDonald D P. Photochemical reaction pathways of pentaammineruthenium(II) complexes. J. Am. Chem. Soc. , 1969, 91: 6209-6211.

[17] Sabbatini N, Scandola M A, Balzani V. Intersystem crossing effciency in the hexacyano-chromate(III) ion. J. Phys. Chem. , 1974, 78: 541-543.

[18] Bolletta F, Maestri M, Balzani V. Efficiency of the intersystem crossing from the lowest spin-allowed to the lowest spin-forbidden excited state of some chromium(III) and ruthenium(II) complexes. J. Phys. Cem. , 1976, 80: 2499-2503.

[19] Williams R. Delayed fluorescence of complex molecules in the vapor phase. J. Chem. Phys. , 1958, 28: 577-581.

[20] Lim E C, Swenson G W. Delayed fluorescence of acriflavine in rigid media. J. Chem. Phys. , 1962, 36: 118-122.

[21] Satiel J, Curtis H C, Metts L, et al. Delayed fluorescence and phosphorescence of aromatic ketones in solution. J. Am. Chem. Soc. , 1970, 92: 410-411.

[22] Jones P F, Calloway A R. Temperature effects on the intramolecular decay of the lowest triplet state of benzophenone. Chem. Phys. Lett. , 1971, 10: 438-443.

[23] Carlson S A, Hercules D M. Delayed thermal fluorescence of anthraquinone in solutions. J. Am. Chem. Soc. , 1971, 93: 5611-5616.

[24] Parker C A, Hatchard C G. Delayed fluorescence from solutions of anthracene and phenanthrene. Proc. R. Soc. Lond. A, 1962, 269: 574-584.

[25] Parker C A, Hatchard C G, Joyce T A. Selective and mutual sensitization of delayed fluorescence. Nature, 1965, 205: 1282-1284.

[26] Endo A, Sato K, Yoshimura K, et al. Efficient up-conversion of triplet excitons into a singlet state and its application for organic light emitting diodes. Appl. Phys. Lett. , 2011, 98: 083302-1 ~ 3,

[27] Uoyama H, Goushi K, Shizu K, et al. Highly efficient organic light-emitting diodes from delayed fluorescence. Nature, 2012, 492: 234-239.

[28] Chan C Y, Tanaka M, Nakanotani H, et al. Efficient and stable sky-blue delayed fluorescence organic light-emitting diodes with CIE$_y$ below 0. 4. Nature Commun. , 2018, 9: 5036.

[29] Fan X, Tang B Z, Zou D C, et al. Photoluminescence and electroluminescence of hexaphenylsilole enhanced by pressurization in the solid state. Chem. Commun. , 2008, 26: 2989-2991.

[30] Baldo M A, O'Brien D F, Forrest S R, et al. Highly efficient phosphorescent emission from organic electroluminescent devices. Nature, 1998, 395: 151-154.

[31] Gao X C, Cao H, Huang C H, et al. Electroluminescence of a novel terbium complex. Appl. Phys. Lett. , 1998, 72: 2217.

[32] 高希存. 一种提高有机电致发光器件效率的方法: 202310916602. 0. 2023-07-25.

第7章 π-BET 理论的实验证实

7.1 关键名词

本章涉及的关键名词如下所示：

· 前级指数衰减寿命

· 后级指数衰减寿命

· 自旋轨道耦合（spin-orbit coupling，SOC）

· 完全荧光发射

· 完全磷光发射

· 荧光磷光混合发射

· 室温（room temperature，RT）

· 仪器响应（instrumental response，IR）

· 多通道定标（multi-channel scaling，MCS，所用光源是 5W 微秒闪烁氙灯）

· 时间相关的单光子计数（time-correlated single-photon counting，TCSPC，所用光源是 ~2μW 皮秒脉冲激光二极管）

7.2 实验方法

实验中，由于荧光和磷光的激发态磁性不方便测定，也就是说不方便测定是激发单重态还是激发三重态，一般都是以发光寿命来界定荧光和磷光。荧光和磷光寿命的精确分界线还没有定论。有报道称铂配合物的磷光寿命在几百纳秒[1-3]。本书先暂定 ~100ns 为磷光寿命的大致低限，这样可以从技术上暂时模糊区别荧光和磷光。实验中，大部分的荧光寿命落在小于二十几个纳秒的范围。

测定物质的发光寿命是非常复杂而艰苦的工作。这种复杂和艰苦来自于程序和技术上的烦琐和苛刻，例如仪器设备的选用、调试、校准和条件选择对比。仪器设备的使用首先必须根植于对发光原理的掌握。没有对发光原理的掌握，数据是无法解读的，也无法得到精准而充分的数据。错误的理论必然导致错误的实验设计和错误的仪器操作及错误的数据解读。同时，对测试条件的要求，例如溶剂、温度、样品纯度、测试时间等也是非常高的。

初步的实验数据可以大致显示发光强度衰减到 1/e 所需要的时间。再观察如果后续延长测试时间发光强度是否迅速衰减到零还是有很长的拖尾,从而可以大致判断是短寿命还是长寿命。当然,精确的研究需要数学上的分析以便得到内在的发光参数,例如寿命的测试,实际上,寿命的模拟一般不会超过 4 个指数项。衰减过程的多元指数性用数学公式表达为

$$R(t) = A + \sum_{i=1}^{4} B_i e^{-t/\tau_i}$$

式中,B_i 为指前因子,τ_i 为寿命,A 为背景。$R(t)$ 被称为样品衰减模型,是一种样品对无限小的激发信号的响应的理论表达式。这个表达式含有 4 个指数项。有些样品可能含有不止 4 个指数项,需要更复杂的寿命分布分析[4]。寿命参数 τ_i 对每一种发光过程都是特征的,表示发光强度从起始水平衰减到 1/e 时所需要的时间。在表达式 $R(t)$ 中,两个重要的参数特征并没有被包括进来,即仪器响应和样品的激发过程。这两项是伴随着光源脉冲信号的短的但并非无限短的持续期的。必须非常认真地处理原始数据[4]。

本书中,寿命的衰减是多指数的,可以把寿命分为"前级指数衰减寿命"和"后级指数衰减寿命",分别指样品的发光信号刚开始衰减时的寿命和后期衰减寿命。

有机分子可以分为纯有机分子和金属有机配合物。纯有机分子又包括脂肪族碳氢化合物、杂环化合物和含有各种官能团的芳香族化合物。金属有机配合物包括主族元素配合物如 Alq₃ [8-羟基喹啉铝,tris(8-hydroxyquinoline)aluminum],过渡金属有机配合物,重金属有机配合物如 fac-Ir(ppy)₃ [fac-tris(2-phenylpyridine)iridium,fac-三(2-苯基吡啶)合铱] 和稀土有机配合物等。本书将选取尽量多的有机化合物的代表物来进行细致的发光测定,进而对这些测试数据归纳整理并得出结论。

实验仪器与设备如下:

①日本岛津 UV-2600 紫外–可见分光光度计。

②英国爱丁堡 FS-5 稳态瞬态荧光光谱仪。

③英国牛津 Optistat DN2 冷阱。

④卓立汉光 Zolix MLED-4-2 紫外分析仪。

⑤除氧装置、阶梯升华仪为本书作者设计,采用至少 5 次循环即液氮冷却–抽气–充氮–熔化过程。

7.3   芳香族化合物——苯

纯芳香族化合物传统上被认为是发荧光的。本节将对芳香族化合物进行仔细

的发光测试，从而得到有重大意义的结果。

苯是常见而简单的芳香族化合物，值得仔细研究。图7.1展示了苯在氯仿中除氧和未除氧情况下的吸收光谱。可以看出，在240nm之后，氧气对苯的吸收影响甚微（240nm前属于远紫外，溶剂吸收峰，一般不讨论）。这可以从图6.5、图6.6和图6.21中找到答案。氧气主要对到达激发态后的分子的存在状态产生影响，根据π-BET理论，吸收是从基态到准激发态和从准激发态到激发态所需要的能量，所以氧气对这一吸收过程影响不大。

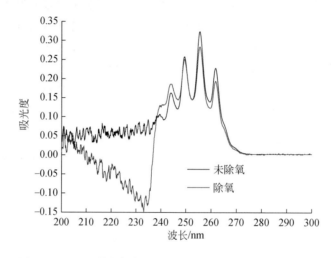

图7.1 室温下苯在氯仿中除氧和未除氧情况下的吸收光谱

图7.2展示了不同浓度的苯在室温未除氧情况下被波长为255nm的光激发所得到的发射光谱。发射波长相当短，在远紫外。之所以选择255nm作为激发波长，主要是因为苯对光波的吸收集中在235~270nm。

图7.3展示了不同浓度的苯在室温除氧情况下被波长为255nm的光激发所得到的发射光谱。除了260~330nm的远紫外发射，在350~450nm的近紫外到蓝光的区域出现了一个新发射峰。可见除氧对苯的发光产生了影响。这个低能量的350~450nm的宽峰的强度不随溶液浓度而变化，因而不能用激基复合物来解释。因为其对氧气敏感，因而提示是磷光峰。

图7.4展示了苯在氯仿（1.13×10^{-3} mol/L）中除氧、不除氧以及除氧低温条件下295nm发射光的寿命衰减曲线。可以看出，在室温未除氧的情况下，苯在295nm的发射光主要是短寿命的荧光。除氧后和除氧低温的情况下，长寿命的磷光成分增大。但基本上，其前级指数衰减寿命都是在几纳秒，属于荧光。

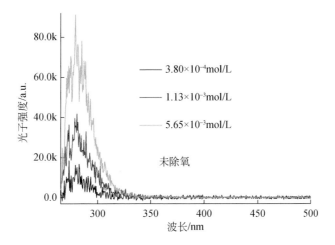

图 7.2 不同浓度的苯在室温未除氧情况下的发射光谱,激发波长 255nm

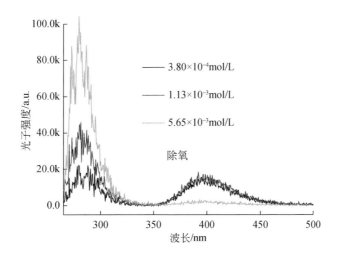

图 7.3 不同浓度的苯在室温除氧情况下的发射光谱,激发波长 255nm

在除氧情况下,得到 400nm 的发射光后,用 255nm 的微秒灯激发 MCS 法收集得到的寿命衰减曲线如图 7.5 所示。从图 7.5 可以看出,400nm 的除氧发射光谱完全是长寿命的。即使在室温溶液中,流动性很强,仍然是完全磷光发射。这是非常令人惊奇的,我们通常认为,像苯这种典型的芳香族化合物,是很难得到磷光发射的。但是,从后续的实验结果中会逐渐发现,室温磷光发射是有机化合物的常见现象,而不是之前大家普遍认为的难以得到。

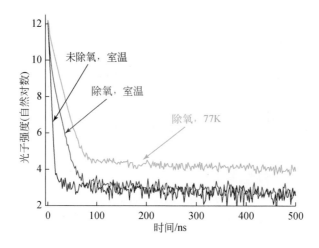

图 7.4　苯在氯仿（1.13×10⁻³mol/L）中除氧、不除氧以及除氧低温
条件下 295nm 发射光的寿命衰减曲线

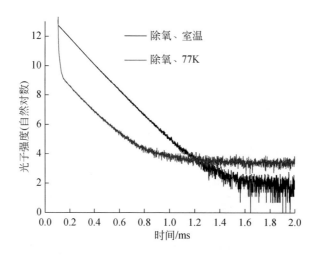

图 7.5　苯在氯仿溶液（1.13×10⁻³mol/L）中除氧后得到400nm 的发射光，用255nm 的微秒
灯激发用 MCS 法收集得到的寿命衰减曲线

　　在用不同能量的激光器激发苯在氯仿（1.13×10⁻³mol/L）中低温（77K）除
氧状态下400nm 的发射光得到的寿命衰减曲线（图7.6）中，很明显 255nm 的高
能量得到的寿命更长，更显磷光特性。虽然，其前级指数衰减寿命仍然只有几纳
秒，但是这种短寿命成分所占的比例非常小。所以，本质上苯可以被定义为既能

发射荧光也能发射磷光的化合物。

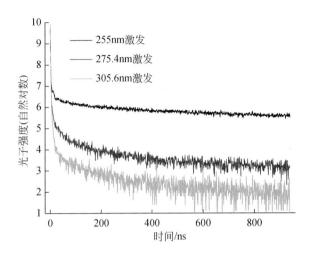

图 7.6　苯在氯仿（1.13×10⁻³mol/L）中低温（77K）除氧状态下 400nm 的发射光，
用不同能量的激光器激发得到的寿命衰减曲线

通过实验可以总结如下：

①氧气的存在对苯的吸收光谱影响甚微（在 240nm 之后）。

②如果不对苯溶液除氧，以 255nm 波长的光激发，室温条件下得到的是主峰
在 295nm 的荧光发射。

③苯溶液室温以 255nm 波长的光激发，除氧既可以得到 295nm 的荧光发射，
也可以同时得到 400nm 的磷光发射。

④不同能量激发除氧的苯溶液，会对磷光寿命有影响。正常的激发能量应该
在苯的吸收主峰 255nm 左右。

苯的吸收和发射情况完全符合 π-BET 理论。具体表现在：

①因为苯分子具有非常强的芳香性，从而稳定性非常高，275.4nm 和
305.6nm 的激发光能量已经非常高，但是还不如 255nm 的能量高到足以使苯分子
完全有效地断裂 π 键。

②当苯分子吸收能量后，可以产生 4 种不同结构的激发态分子（图 6.18）。
在除氧后，含有自旋相同电子的 T_1 激发态的分子得以与氧分离，从而可以顺利完
成伴随自旋轨道耦合的电子转移，进而发射磷光。磷光发射峰 400nm 比荧光发射
峰 295nm 能量低，说明激发三重态势能比激发单重态低，这可以从激发三重态的
电子构型中得到线索（见 6.2.8 小节）。

③实验可以改变以前对苯的发光性质的认识。实际上，苯既可以发荧光也可以发室温磷光。室温磷光的实现并不是个难题。

7.4 芳香族化合物——萘

图 7.7 展示了萘在氯仿中除氧和未除氧时的吸收光谱。虽然氧气的存在对吸收强度有较弱的影响，但吸收光谱的形状基本未变，这和氧对苯的吸收的影响基本相似。

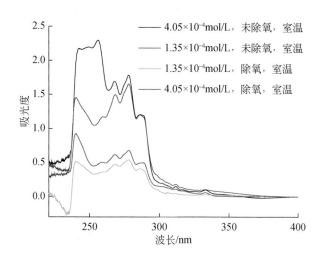

图 7.7 室温下，萘在氯仿中除氧和未除氧情况下的吸收光谱

图 7.8 展示了萘在氯仿（1.35×10^{-4} mol/L）中室温下有氧和除氧情况下被不同波长的激发光激发所得到的发射光谱，可以发现，除氧和室温的情况下在高能量的 255nm 激发波长激发后，除了高能量的 $300 \sim 375$nm 的发射光外，在相对低能量的 400nm 处有一个弱的宽峰出现。

图 7.9 展示了萘在氯仿（1.35×10^{-4} mol/L）中室温下除氧和未除氧时用 255nm 光激发、在 345nm 波长监测得到的寿命衰减曲线，可以看出，高能量的 345nm 的发射光主要是短寿命的荧光。

在固体中和低温下（图 7.10），可以看出，其 345nm 发射光的长寿命成分增加，这说明相对于苯的高能量发射光主要为荧光性质外，萘的高能量发射磷光成分增加，因为刚性体系有助于增强激发三重态的稳定性。

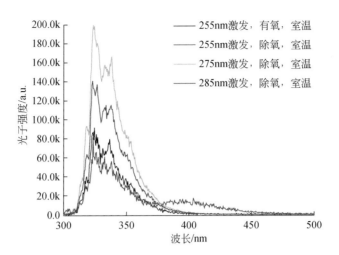

图 7.8　萘在氯仿（1.35×10⁻⁴mol/L）中室温下被 255nm 波长的激发光激发后除氧和未除氧时得到的发射光谱对比以及除氧时被 275nm 和 285nm 波长的激发光激发得到的发射光谱对比

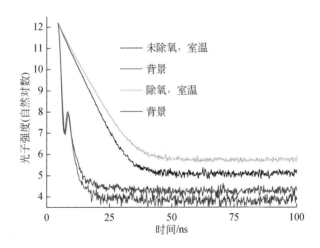

图 7.9　萘在氯仿（1.35×10⁻⁴mol/L）中室温下除氧和未除氧情况下
用 255nm 光激发、在 345nm 波长监测得到的寿命衰减曲线

图 7.11 展示了萘在氯仿（1.35×10⁻⁴mol/L）中除氧后、室温条件下被不同能量的激发波长（即 255nm 和 275.4nm）激发，在 400nm 波长监测所得到的寿命衰减曲线对比。可以很明显地看到，高能量的 255nm 波长激发所得到的寿命衰减曲线信噪比高，后级衰减寿命长。

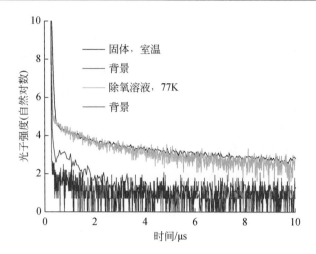

图 7.10　萘在氯仿（1.35×10^{-4} mol/L）中除氧 77K 情况下和固体状态下用
255nm 波长激发、在 345nm 波长监测得到的衰减曲线对比

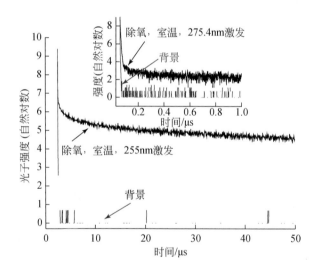

图 7.11　萘在氯仿（1.35×10^{-4} mol/L）中除氧、室温条件下被不同能量的激发波
长（即 255nm 和 275.4nm）的光激发，在 400nm 波长监测得到的衰减曲线对比

图 7.12 展示了萘在氯仿（1.29×10^{-4} mol/L）中除氧后室温条件下被 255nm
的激发光激发后在 400nm 波长监测得到的衰减曲线。可以看出，萘的除氧液体在
室温下的寿命甚至达到了秒数量级，寿命之长是惊人的！其前级指数衰减寿命也
是非常长的，因而是完全磷光化合物。

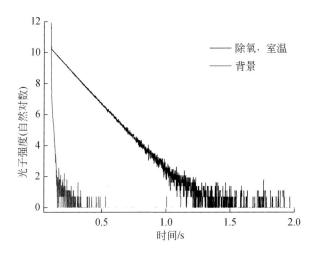

图 7.12　萘在氯仿（1.29×10^{-4} mol/L）中除氧后室温条件下被 255nm 的
激发光激发后在 400nm 波长监测得到的衰减曲线

　　图 7.13 展示了萘的固体粉末被 255nm 和 305.6nm 波长的光激发得到的寿命衰减曲线。可以看出，用低能量的 305.6nm 波长的光激发，萘的固体粉末主要体现为短寿命荧光；用高能量的 255nm 波长的光激发，萘固体确定无疑地得到极长寿命的磷光！这是非常令人惊奇的发现。普通简单的芳香族化合物在室温下就能展现磷光，但是为什么这种简单的材料没有被电致磷光采用？原因可能是在电致发光器件中，薄膜之间的电场强度达不到远紫外光 255nm 这样高的能量。单纯增加电压减小薄膜厚度会击穿薄膜，不能得到用于激发电致磷光的高能量。比较图 7.12 和图 7.13 还可以发现，萘的除氧室温溶液在 400nm 处可以体现出完全磷光，萘的室温固体在 400nm 处却含有部分荧光。这说明碳负离子的 sp^3 杂化态在流动性高的环境下更容易达到并得以稳定存在。苯的室温除氧溶液和低温除氧溶液的情况也类似。可能固体中由于晶格能的存在更容易形成分子间的 π 键，利于 sp^2 杂化的激发态稳定。

　　通过上面的实验总结如下：

　　①氧气的存在对萘的吸收光谱有较弱的影响。

　　如果不对萘溶液除氧，室温条件下得到的是 300 ~ 400nm 的荧光发射。

　　②萘溶液室温除氧既可以得到 300 ~ 400nm 的荧光发射，也可以同时得到主峰在 400nm 的磷光发射。

　　③不同能量激发除氧的萘溶液会对磷光寿命有影响。255nm 的激发能量可以

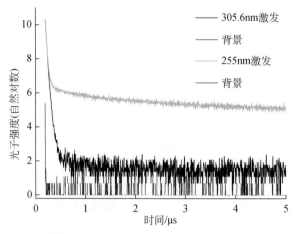

图 7.13　萘的固体粉末被 255nm 和 305.6nm 波长的光激发在 400nm 波长监
测得到的寿命衰减曲线

得到有效的磷光发射。

④萘的室温除氧溶液的磷光发射寿命非常长，达到了秒级。

⑤固体粉末的磷光寿命性质和除氧溶液的磷光寿命基本一致。

⑥萘的吸收和发射情况与苯的吸收和发射情况基本一致，完全符合 π-BET
理论。

7.5　芳香族化合物——蒽

蒽的中位也就是 9、10 位的化学性质比较活泼。氧化、氢化、亲电取代、加
成、第尔斯-阿尔德反应均在 9、10 位发生。如图 7.14 所示。这可以理解成在化
学性质上，蒽有两种不同化学活性的位点，也就是 1、2、3、4、5、6、7、8 的
位置可以理解成苯环上的位点和 9、10 位置上蒽的位点。无独有偶，蒽的吸收也
表现出特征的两种吸收峰，如图 7.15 所示。

这与 π-BET 理论是不谋而合的！因为如果光吸收导致了共价键断裂，那么
具有不同结构和性质的共价键所吸收的能量是不同的。活性越强的共价键，吸收
的能量应该越低。所以根据 π-BET 理论，330～430nm 的吸收峰应该是 9、10 位
的 π 键断裂引起的，而 220～300nm 的吸收峰应该是苯环上的 π 键断裂引起的。

图 7.16 展示了蒽在除氧的氯仿中不同温度下和蒽固体粉末在室温下用
360nm 波长的光激发得到的发射光谱的比较。可以看出，首先在 77K 下，蒽的除
氧溶液的发射光谱集中在 400～600nm。当温度逐步升高到接近氯仿的熔点时

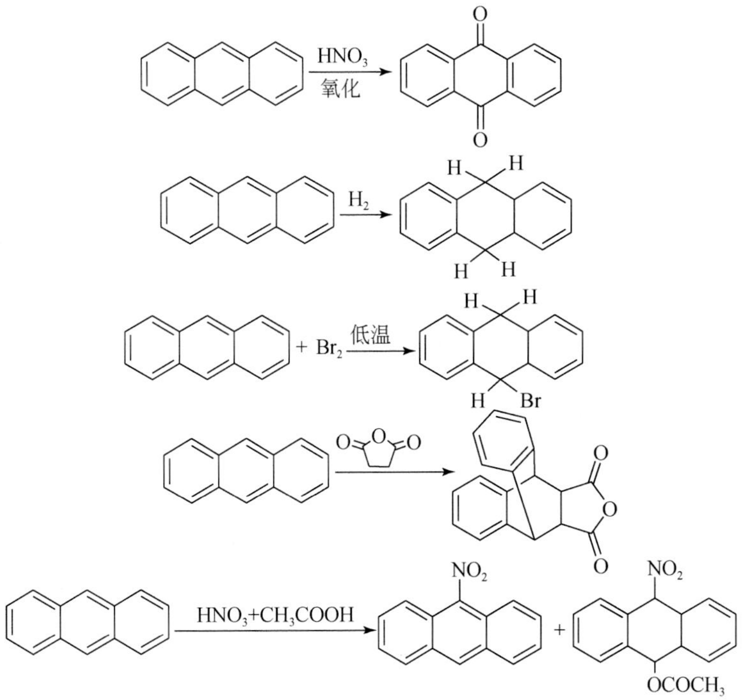

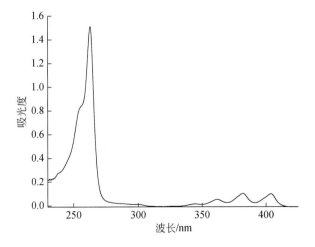

图 7.14　蒽的几种典型反应都发生在 9、10 位

图 7.15　蒽在氯仿中的吸收光谱

(209.5K)，高能量约 400nm 左右的峰和主峰的强度开始增大，207K 时达到最大。当氯仿完全熔化后（为了尽快熔化，将温度提高到 215K），发射光谱强度反而有所下降，但一直到室温时，基本保持不变。比较不同发射波长下的寿命可知（图 7.17），越是低能量的发射光，其磷光成分越多，寿命越来越长。波长 400nm 左右的发射用低能量的光激发主要得到的是荧光。这也可以用 π-BET 理论来解释。

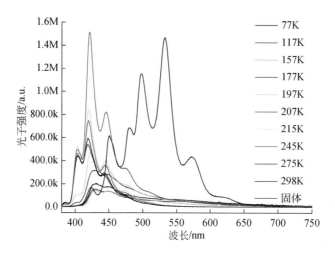

图 7.16　蒽在除氧的氯仿（1.3×10⁻³mol/L）中不同温度下和蒽固体
粉末在室温下用 360nm 波长的光激发得到的发射光谱的比较

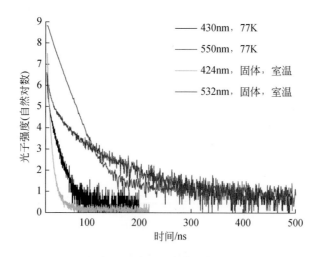

图 7.17　低温除氧溶液中和室温固体粉末不同发射波长，用 377.2nm 波长的光激发
监测得到的寿命衰减曲线

从图 7.18 可以看出，蒽的 9、10 位 π 键断裂后，得到的碳负离子可以采取 sp^3 或 sp^2 杂化，或者介于二者之间，取决于碳负离子的旋转角度。当碳负离子采取 sp^3 杂化时，虽然整个分子的芳香性遭到破坏，但是可以通过共振得到两个苯环结构，从而也就获得了部分稳定性。随着温度提高，碳负离子越来越趋向采取 sp^2 杂化，这对孤对电子可以与整个芳香大 π 键体系共轭取得稳定，这给整个分子带来更大的刚性，从而发射强度提高。低能量的发射光主要由部分 sp^2 杂化向 sp^3 杂化趋势转变形成，因而其磷光的长寿命成分增大。

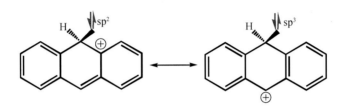

图 7.18　蒽的激发态分子结构

同样，当用波长 255nm 的光激发蒽固体粉末时，发射光谱主要变成了磷光性质（图 7.19）。但前级指数衰减寿命也是短的，是荧光成分，因而是荧光、磷光混合发射。

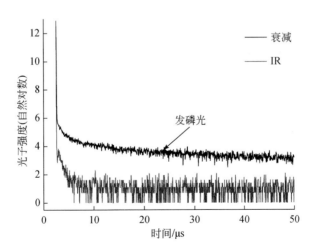

图 7.19　蒽固体粉末在室温下用 255nm 波长的光激发、在 523nm 波长监测得到的寿命衰减曲线

蒽是含有三个环的稠环体系。蒽的发光研究可以追溯到 20 世纪早期[5-8]。蒽也是最早被用于电致发光的化合物[9]。在早期的研究中，室温固态的蒽在 380 ~

500nm 的发射光谱被认为是单重态的荧光发射。早期研究还发现在低温条件下有非常弱的约 700nm 的发射光谱，被认为是磷光[10-12]。然而，我们却没有发现约 700nm 的发射——无论是在 77K 的氯仿溶液中还是在固体粉末中。

从图 7.16 可以看到，在较低的温度范围内，在-100℃到溶液完全融化前的-60℃，高能量的发射光确实有随温度上升而升高的趋势，而且是短寿命的荧光。但是，该发射光不能归因于所谓的"延迟发光"。热激励的延迟发光的理想实验观察，应该是在低温下是长寿命的磷光发射，随着温度升高，寿命逐步缩短，波长逐步蓝移，发射强度逐步升高。遗憾的是，本书中所列举的实验没有这种现象出现。

通过上面的实验总结如下：

①蒽的吸收表现为相互独立的两部分，各自对应分子中不同活性部位。由于蒽中只有 π 键，所以在 MOJab 理论中，也就只有 π-π* 吸收。但是，π-π* 吸收为什么分成能量间隔较大的两部分？MOJab 并没有回答的。

②越是低能量的发射光，其磷光成分越多，寿命越来越长。低能量的发射光，对应的是蒽分子中 9、10 位的共价键异裂发生的分子间电子转移。

③蒽的固体用高能量的 255nm 波长的光激发，也可以得到磷光。

④热激励的延迟发光在蒽中未发现，这和早期的报道不一致。原因可能一是早期的仪器设备不够精密和完善，二是早期的样品纯度不够，三是早期使用的溶剂纯度不够。

⑤蒽的吸收和发射情况与苯、萘的吸收和发射情况一样，完全符合 π-BET 理论。

⑥蒽没有像苯和萘那样，在室温溶液中展现出超长寿命的完全磷光，其无论是室温溶液还是室温固体，无论是低能量发射还是高能量发射，前级指数衰减主要还是荧光性质的。这可能与中间的 π 键异裂后得到的碳负离子和两边的苯环都要共轭，因此更易采取 sp² 杂化有关。

7.6　芳香族化合物——芘

芘是大环稠合体系，具有 16 个 π 电子。所以，如果芘上的一个 π 键异裂后，得到的这个碳负离子更容易采取 sp³ 杂化，从而与其余 π 键不共轭。剩余 π 键上的电子为 14 个，符合休克尔规则。这样，芘其实更容易产生磷光（图 7.20）。

图 7.21 展示了芘在氯仿中除氧和未除氧条件下的吸收光谱对比。很明显，

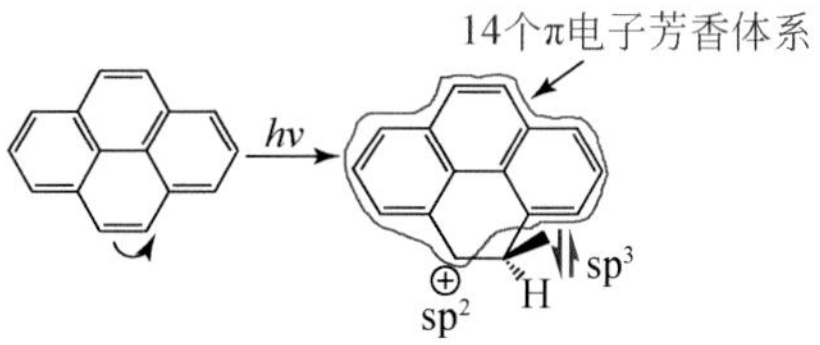

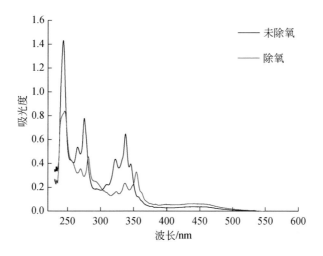

图 7.20　芘的结构及与激发光的作用

除氧对低能量区的吸收光谱（220~400nm）影响稍大。这与其在不同时刻可能有不同处的 π 键断裂有关。

图 7.21　芘在氯仿（2.8×10⁻⁵mol/L）中除氧和未除氧条件下的吸收光谱对比

　　图 7.22 展示了芘在不同浓度氯仿中除氧后得到的发射光谱。可以看出，高浓度下得到了没有振动结构的低能量的宽峰。这个宽峰是"激基复合物"造成的。如前所述，激基复合物的形成是由于异裂导致分子内正负电荷在激发态下，由于电子转移造成了激发态分子间带有正负电荷，当分子浓度增大时，电场力的吸引导致准激发态分子或激发态分子形成"分子对"，从而提高准激发态的势能或可以起到稳定激发态的作用，降低了激发态的势能。因此，激基复合物的发射峰始终红移到低能量区。

　　深入考察不同浓度、不同发射峰的寿命衰减情况，能得到更多发现。

　　图 7.23 展示了不同浓度的芘在 77K 的低温下和固体粉末在室温下 476nm 处用 380nm 波长的光激发得到的寿命衰减曲线。可以看出，随着浓度增大，寿命逐

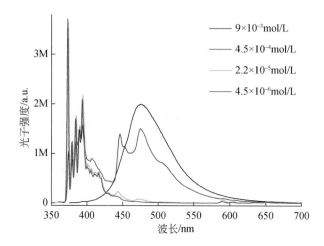

图 7.22　芘在不同浓度氯仿中除氧后得到的发射光谱

渐延长。这说明磷光的激发态越来越稳定，磷光的成分逐步增多。

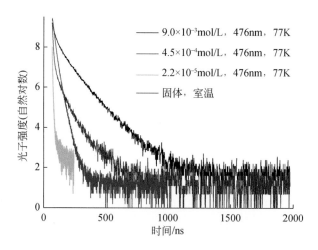

图 7.23　不同浓度的芘在 77K 的低温下和固体粉末在室温下 476nm
处用 380nm 波长的光激发得到的寿命衰减曲线

图 7.24 展示了这种三重激发态激基复合物的结构。当芘的浓度增大，面–面相互作用使得具有正负电荷的三重激发态分子更加容易靠近组成"分子对"，从而使三重激发态稳定，磷光成分增加。碳负离子如果采取 sp^2 杂化，则由于相邻分子间的电子排斥力导致面–面距离增大，吸引力减弱，影响分子对形成，因而

磷光成分减少。

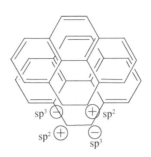

图 7.24　芘的三重态激基复合物的结构示意

　　图 7.25 为不同浓度的芘在 77K 的低温下和固体粉末在室温下在 394nm 处用 310nm 波长的光激发得到的寿命衰减曲线。令人惊奇的是，与在 476nm 处的测试结果相反，随着芘浓度的降低，394nm 处的衰减寿命逐步变长。这说明，随着芘浓度的降低，激发态的分子主要是芘单体，不是激基复合物。如图 7.20 所示，单体中其中一个键容易发生异裂，导致碳负离子脱离大 π 键的芳香共轭体系而独立稳定地存在。从而磷光寿命逐步变长。短波长的发射光主要是单体成分主导，长波长的发射光主要为激基复合物主导。监测的发射波长不同，浓度的影响也不同。这和高浓度的芘溶液的分子对激基复合物发射机理相互印证。因为在稀溶液中，分子对难以形成，这样碳负离子有更大的伸展空间采取 sp^3 杂化，使得芘单体 394nm 处尽管仍然主要为 sp^2 荧光成分，但 sp^3 磷光成分增大。

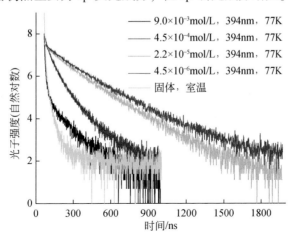

图 7.25　不同浓度的芘在 77K 的低温下和固体粉末在室温下在 394nm 处用 310nm 波长的光激发得到的寿命衰减曲线

通过上面的实验总结如下：

①氧气的存在对芘的吸收光谱有些许影响，说明大环芘中 π 键断裂可以不止一处或者不止一个位置。

②芘的高浓度激基复合物发射光明显，激基复合物的发射光移向长波，浓度越高，磷光成分越强。

③芘的稀溶液主要得到芘的单体激发态，溶液越稀，低温下得到的发射光寿命越长。

上述芘的发光性质都符合 π-BET 理论。

7.7　具有官能团的芳香族化合物——二苯甲酮

芳环上有官能团的化合物的性质与纯粹芳香族化合物如苯、萘、蒽、芘等有很大不同，原因在于官能团本身能吸收比较低的能量，π 键异裂，发生电子转移，进而发射荧光或磷光。

图 7.26 比较了二苯甲酮在氯仿溶液中和压成薄膜的吸收光谱与苯在氯仿溶液中的吸收光谱。可以看出，在短波长高能量区，二苯甲酮的吸收和苯的吸收基本一致。不同之处在于，苯的吸收有振动峰，而二苯甲酮的吸收没有振动峰。原因可能是在二苯甲酮中，苯上连接的基团比较多，振动比较杂乱，导致无法分辨。在长波长低能量区，二苯甲酮的固体压片呈现一个 300～400nm 的吸收带。这可以归因于羰基的异裂。

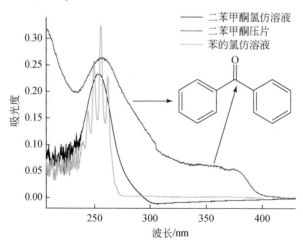

图 7.26　二苯甲酮在氯仿溶液中和压成薄膜的吸收光谱与苯在
氯仿溶液中的吸收光谱对比

图 7.27 为二苯甲酮固体粉末用不同波长的光激发得到的发射光谱。可以看出，高能量和低能量的激发得到的都是 350~650nm 的发射光谱。苯的高能量发射基本被抑制到很弱而显示不出来，显示的都是羰基吸收能量引起的发射光谱，发射光谱范围不变。只是，用高能量激发时，发射光谱呈现毛刺状。这说明，发射光谱是由特定的激发态和基态的势能决定，特定的激发态和基态势能仅与特定的分子结构相关。高能量的激发使苯上 π 键均裂后愈合，从而使原子核振动幅度大，发射峰出现毛刺。富兰克—康顿原理仍然起作用，因而发射光谱范围没有改变，发射和吸收仍然发生在始终态相似的原子核上。

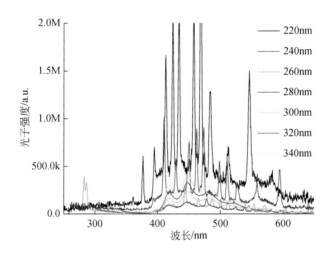

图 7.27　二苯甲酮固体粉末用不同波长的光激发得到的发射光谱

图 7.28 为二苯甲酮在除氧的氯仿中不同温度下以及固体粉末在室温下用 340nm 激发得到的发射光谱。可以看到，随着温度的升高，二苯甲酮溶液的发射强度显著降低。当氯仿溶剂熔化后（215K，实验中为了在测试时尽快熔化，实际所加温度比熔点 209.5K 高），二苯甲酮的发射光基本被猝灭。原因正如 6.2.5 小节所阐明的，二苯甲酮中的羰基发生 π 键异裂导致碳氧键附加的轨道自旋角动量无法守恒。

图 7.29 为二苯甲酮在氯仿中除氧后 77K 下不同波长的光在 340nm 激发得到的寿命。可以发现，所有的发射光都是完全磷光发射，具有毫秒级的超长寿命。

图 7.30 为二苯甲酮固体粉末在室温下用 340nm 波长的光激发监测得到的不同波长的寿命衰减曲线。比较图 7.29 发现，所有的发射光也都是完全磷光发射且具有毫秒级的超长寿命。可以完全确定：实际上二苯甲酮固体是室温磷光

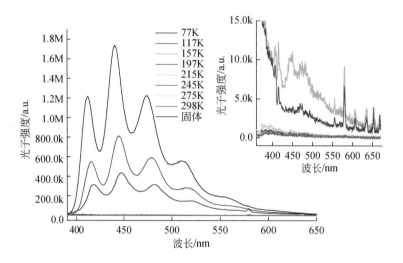

图 7.28　二苯甲酮在除氧的氯仿（5×10⁻⁴mol/L）中不同温度下以及固体粉末
在室温下用 340nm 波长的光激发得到的发射光谱。插图：局部放大图

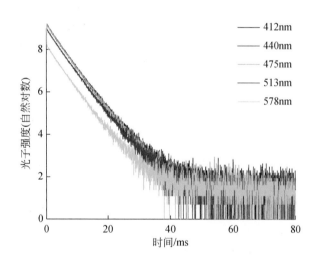

图 7.29　二苯甲酮在氯仿（5×10⁻⁴mol/L）中除氧后 77K 下不同
波长的光在 340nm 激发得到的寿命（MCS 法收集）

材料。

图 7.31 为二苯甲酮在氯仿中除氧后熔化前用 340nm 波长的光激发得到的不
同温度下的寿命衰减曲线。可以看出，温度对二苯甲酮寿命有非常大的影响。随

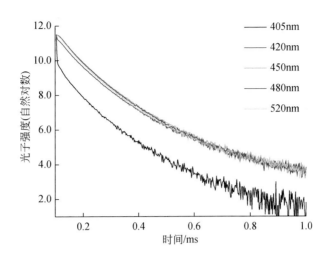

图 7.30　二苯甲酮固体粉末在室温下用 340nm 波长的光激发监测得到的
不同波长的寿命衰减曲线

着温度升高，二苯甲酮溶液的寿命急剧缩短。原因正如 6.2.5 小节所阐明的，二
苯甲酮中的羰基发生 π 键异裂导致碳氧键附加的轨道自旋角动量无法守恒。

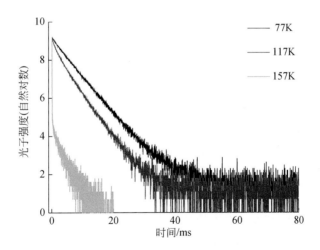

图 7.31　二苯甲酮在氯仿（5×10^{-4} mol/L）中除氧后熔化前
不同温度下用 340nm 波长的光激发得到的寿命衰减曲线

图 7.32 为二苯甲酮在氯仿中除氧后在 197K 未熔化前用 377.2nm 波长的光激
发得到的寿命衰减曲线。对比图 7.28，在 197K 时，发射光谱已经非常弱了，此

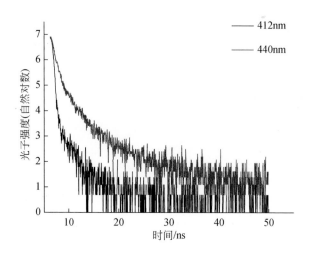

图 7.32　二苯甲酮在氯仿（5×10^{-4} mol/L）中除氧后在 197K 未熔化前用 377.2nm
波长的光激发得到的寿命衰减曲线（TCSPC 收集）

时的寿命已经缩短到纳秒级，即完全荧光短寿命发射。可见，随着温度升高未等
到完全熔化，π 键异裂导致碳氧键附加的轨道自旋角动量就已经非常大了，无法
达到轨道自旋角动量守恒从而发生有效的电子转移。

　　图 7.33 为二苯甲酮在氯仿中除氧后在 77K 下用不同波长的光激发得到的发
射光谱。对照图 7.28，可以发现，用低能量的光激发二苯甲酮，可以得到振动能
级稳定的发射光谱。当用高能量的紫外光激发时，得到的发射光谱是锯齿状的，
说明分子振动加剧影响辐射衰减；而且用高能量的 255nm 波长的光激发时，能同
时得到基于苯环上的 π 键断裂的高能量发射光和基于羰基的 π 键断裂的低能量
发射光。当用高能量的 255nm 波长的光照射一段时间，实际激发还是用低能量的
光激发时，得到的发射光谱也和直接用低能量的光激发不一样，这很明显地说
明，高能量的光可能通过 π 键断裂和愈合改变分子的振动能级，从而对发射光产
生持续影响。在吸收和发射发生的时间范围内，原子核剧烈振动，特别是用高能
量的波长 255nm 的光激发时。但是，只要吸收和发射的始终态分子形状不发生大
幅改变，就会有荧光和磷光发射，因而富兰克-康顿原理始终起支配作用。

　　值得指出的是，二苯甲酮的延迟发光研究可以在 20 世纪 70 年代的文献[13,14]
中找到。但是本书的这些实验并不支持延迟发光。特别是早期文献中提及的
405nm 处的延迟发光指认。首先，从图 7.28 并没有发现 405nm 的特征峰，其次
这种高能量的发射光随着温度升高而降低，并不符合热激励的延迟发光机理。具

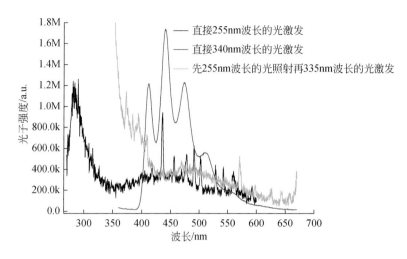

图 7.33　二苯甲酮在氯仿（5×10^{-4} mol/L）中除氧后在 77K 下用
不同波长的光激发得到的发射光谱

体原因可能是早期的研究有污染源或者仪器不精密等。

通过上面的实验总结如下：

①二苯甲酮的吸收由两部分引发，一部分是苯环，另一部分是羰基。

②低能量的激发光可以引起二苯甲酮羰基部分的吸收和发射。

③二苯甲酮溶液的发射光受温度影响大，温度升高特别是在流动性强的溶液中，二苯甲酮的发射光被猝灭。根据 π-BET 理论，这主要是由于 π 键断裂后的羰基在温度升高后，有额外的轨道自旋角动量难以守恒，因而无法进行有效的电子转移所致。

④二苯甲酮固体在室温下可以得到长寿命的完全磷光发射，因而是完全磷光材料。

⑤没有发现早期文献所报道的 405nm 延迟发光峰。

7.8　具有官能团的芳香族化合物——9-芴酮

与二苯甲酮相比，9-芴酮的结构相当于用一个 σ 单键把二苯甲酮中的两个苯环连接到一起，这无疑增加了分子结构的刚性。但实际上不仅如此，图 7.34 分析了 9-芴酮相比于二苯甲酮的特殊结构会影响分子对光的吸收和发射到什么程度。

如图 7.34 所示，9-芴酮吸收能量发生羰基 π 键异裂后，氧负离子如果采用 sp² 杂化，可以和两个苯环、一个碳正离子组成具有 14 个 π 电子的符合休克尔规则的"准芳香体系"而得到更高的稳定性。所以，有理由预测 9-芴酮主要发射短寿命的荧光而非磷光。实际的实验结果正是如此，π-BET 理论对实验结果可以给出非常好的预测和诠释。

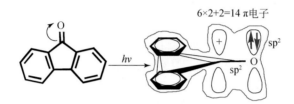

图 7.34　9-芴酮发生 π 键异裂到达准激发态的分子结构示意

图 7.35 为 9-芴酮在除氧的氯仿中不同温度下和室温下固体粉末用 378nm 波长的光激发得到的发射光谱。可以看到，当温度从 77K 逐步升高到 197K 时，发射光谱强度逐步降低，在 197K 接近氯仿熔化温度时达到最低。之后，随着温度升高到室温，并没有像二苯甲酮那样，发射光谱强度得到大幅猝灭，而是保持了稳定的相当强的程度。

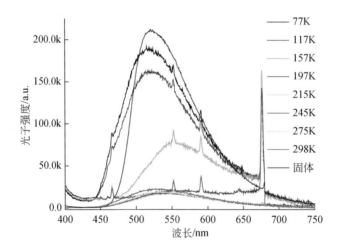

图 7.35　9-芴酮在除氧的氯仿（5×10^{-4} mol/L）中不同温度下和室温下
固体粉末用 378nm 波长的光激发得到的发射光谱

图 7.36 为 9-芴酮在除氧的氯仿中不同温度下和室温下固体粉末用 380nm 激发得到的寿命衰减曲线。可以发现，这些发射光无论是在低温下还是室温下，溶液中还是固体粉末状态，都是短寿命的荧光发射。这和 π-BET 理论所预测的结果达到了一致。结合图 7.35 可知，温度升高对于荧光发射也同样有减弱作用，只是荧光发射中，激发态中的碳负离子被弱的 π 键强制与碳正离子有某种程度的键合才得以一定程度的稳定，而磷光发射由于 sp³ 杂化破坏了这种键合，导致受温度影响比荧光大。从图 7.35 发现，荧光发射在熔化前受温度影响大，熔化后的溶液中受温度影响变小。这主要是因为熔化前，温度导致的分子骨架振动明显，因此强烈影响荧光发射。熔化后因为都是溶液状态，激发态分子被溶液包围，因温度导致的分子骨架振动已达到极限，不明显影响氧负离子与碳正离子之间弱 π 键作用，因而荧光发射强度基本保持不变。这进一步说明，富兰克-康顿原理是普遍性的原理，在 MOJab 理论和 π-BET 理论中都起作用。

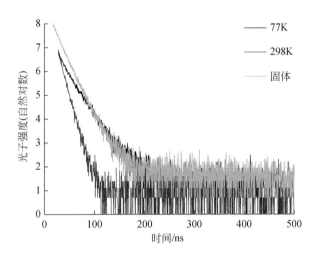

图 7.36　9-芴酮在除氧的氯仿（5×10⁻⁴mol/L）中不同温度下和室温下
固体粉末用 380nm 波长的光激发得到的寿命衰减曲线

图 7.37 为 9-芴酮在室温下的固体粉末用 380nm 波长的光激发和用 255nm 波长的光激发、在 525nm 波长监测得到的寿命衰减曲线对比。可以看出，用 255nm 高能量的光激发 9-芴酮在室温下可以得到苯环上 π 键异裂所发的磷光和羰基异裂所发的荧光。用 380nm 低能量的光激发主要得到羰基 π 键异裂所发的荧光。

通过上面的实验总结如下：

①因为 9-芴酮上的羰基异裂得到的氧负离子可以贡献 2 个电子，与两个苯环

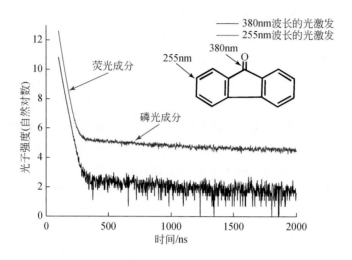

图 7.37　9-芴酮在室温下的固体粉末用 380nm 波长的光激发和用 255nm
波长的光激发、在 525nm 波长监测得到的寿命衰减曲线对比（TCSPC）

上的 12 个电子组成 14 个电子的"准芳香体系"，大部分情况下采取 sp² 的杂化方式与两个苯环共轭而得以稳定，所以非常符合 π-BET 理论的预期，得到短寿命的荧光发射。

②9-芴酮相对于二苯甲酮，其吸收和发射表现出非常特异的性质。虽然其吸收和发射仍然由两部分引发，一部分是苯环，另一部分是羰基，但是由于其特殊的激发态结构，使得 9-芴酮在低能量的光激发下得到的发射主要是荧光性质。所以是完全荧光材料。

7.9　具有官能团的芳香族化合物——蒽酮

蒽酮相对于二苯甲酮，多了一个亚甲基将两个苯环连接起来，但是亚甲基使得两个苯环无法共轭。因此，从二苯甲酮和 9-芴酮的结构特性导致其特异的吸收与发射性质可以预测到蒽酮的吸收和发射性质。

图 7.38 为蒽酮在氯仿中除氧条件下不同温度时的发射光谱以及固体粉末在室温下的发射光谱。对比图 7.28 可以看到，蒽酮的发射强度总体上强于二苯甲酮的发射强度。二苯甲酮在 157K 时，发射光已经很大程度上被高温猝灭，蒽酮则一直坚持到氯仿彻底熔化溶液流动性很强的温度。即使氯仿熔化后，蒽酮仍然有比较强的发射强度，其仪器响应值在几千。二苯甲酮在氯仿熔化后，发射强度

几乎归零。但蒽酮的发射强度较 9-芴酮偏弱，明显表现在 9-芴酮在溶剂氯仿熔化后发射强度仍和未熔化前的 197K 时的发射强度一致，蒽酮则已大幅衰减。

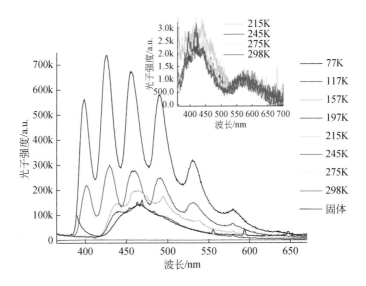

图 7.38　蒽酮在氯仿（$5×10^{-4}$ mol/L）中除氧下不同温度时的发射光谱
以及固体粉末在室温下的发射光谱

　　图 7.39 为蒽酮在氯仿中除氧下 77K 时的发射光寿命衰减曲线。可以看出，发射光寿命是非常长的，从而其为磷光发射。这就说明，其激发态的碳负离子在超低温情况下采取的是 sp^3 杂化方式。相对于二苯甲酮在 157K 时的寿命仍然是毫秒级，与 9-芴酮相比，即使在 77K 时的寿命也是短的纳秒级，蒽酮发射光的寿命从超低温 77K 时的毫秒级却迅速地降低为 157K 时的纳秒级（图 7.40）。

　　π-BET 理论可以对蒽酮的吸收和发射性质给出满意的解释。在 77K 时，相对于 9-芴酮，蒽酮上多了一个亚甲基。这个亚甲基的作用主要是"隔断"芳香性。也就是说，由于超低温的稳定作用，氧负离子可以尽量采取与碳正离子超共轭的四面体结构的 sp^3 杂化。这时，亚甲基就可以阻断两个苯环的芳香性，因为亚甲基也是采取 sp^3 杂化，这使得其与两个苯环不在一个平面，不能有效地与两个苯环共轭。当温度上升到 157K 时，此时氧负离子的旋转趋势增大，与碳正离子的 σ–P 超共轭逐渐被破坏，不得已改成采取 sp^2 的杂化方式与碳正离子共轭。此时，亚甲基的作用是帮助共轭，也就是把两个苯环、碳正离子、氧负离子尽量连接到一个平面上。所以，亚甲基变成了共轭结构的强化者，蒽酮的发射是荧光发射，而发射强度比二苯甲酮高但比 9-芴酮低。即使在氯仿完全熔化后，亚甲基

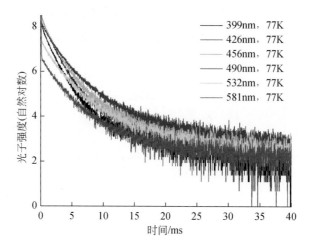

图 7.39　蒽酮在氯仿（5×10⁻⁴mol/L）中除氧下 77K 时的发射光
寿命衰减曲线（340nm 波长的光激发，MCS 收集）

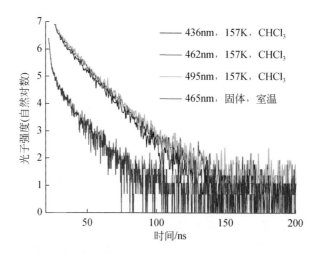

图 7.40　蒽酮在氯仿（5×10⁻⁴mol/L）中除氧后 157K 温度时的
发射光寿命衰减曲线（380nm 波长的光激发，TCSPC 收集）

也可以起到固定苯环的作用，此时亚甲基的作用相当于一个刚性结构的连接者、固定者。这使得蒽酮没有像二苯甲酮那样，在流动性强的氯仿熔化后的溶液中，发光几乎被完全猝灭（图 7.41）。

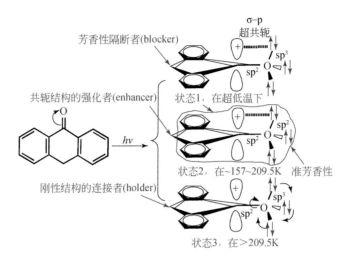

图 7.41 蒽酮中的亚甲基在激发态分子结构中所起的作用

图 7.42 为蒽酮固体粉末用 255nm 波长的光激发、在 465nm 波长监测得到的寿命衰减曲线。与二苯甲酮和 9-芴酮类似,也可以得到荧光发射和磷光发射。

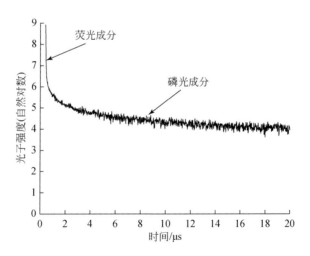

图 7.42 蒽酮固体粉末用 255nm 波长的光激发、在 465nm 波长监测
得到的寿命衰减曲线

综上,π-BET 理论完美地比较和解释了二苯甲酮、9-芴酮、蒽酮的吸收和发射。用激发态的分子结构清晰阐明了二苯甲酮、9-芴酮、蒽酮三种结构类似却又

本质不同的化合物的发射强度和发光寿命的差别。

7.10　金属有机配合物——8-羟基喹啉系列

8-羟基喹啉可以很容易与各种类型的金属离子配位形成稳定的配合物。多年来，这些配合物被当做典型的荧光化合物，例如8-羟基喹啉铝。为了深入研究该系列化合物的发光机制，更确切地说，主要是该系列化合物中金属离子的作用，合成了8-羟基喹啉与元素周期表中许多典型的金属离子的配合物。这些金属离子的选择范围主要是轻金属和重金属、主族金属和副族金属、d区元素和f区元素，包括 Al^{3+}、Ga^{3+}、In^{3+}、Tl^{3+}、Pb^{2+}、Cr^{3+}、Fe^{3+}、Co^{3+}、Ni^{2+}、Cu^{2+}、Zn^{2+}、Cd^{2+}、Hg^{2+}、Rh^{3+}、Pt^{2+}、Sc^{3+}、Y^{3+}、La^{3+}、Ce^{3+}、Pr^{3+}、Nd^{3+}、Sm^{3+}、Eu^{3+}、Gd^{3+}、Tb^{3+}、Dy^{3+}、Ho^{3+}、Er^{3+}、Tm^{3+}、Yb^{3+}、Lu^{3+}。

表7.1总结了这些金属有机配合物的量子效率。

表 7.1　8-羟基喹啉与金属生成的配合物的量子效率（固体粉末，室温，380nm 波长的光激发）

配合物	Alq_3	Gaq_3	Inq_3	$Tl(CF_3COO)q_2$	Pbq_2	Feq_3	Coq_3	Niq_2
量子效率	42.16	25.56	15.66	<0.1	0.5	<0.1	<0.1	<0.1
配合物	Cuq_2	Znq_2	Cdq_2	$HgClq$	Crq_3	Rhq_3	Ptq_2	Scq_3
量子效率	0	27.54	27.69	0.15	0.11	0.23	0.24	1.56
配合物	Yq_3	Laq_3	Ceq_3	Prq_3	Ndq_3	Smq_3	Euq_3	Gdq_3
量子效率	2.32	11.92	<0.1	<0.1	<0.1	<0.1	<0.1	0.13
配合物	Tbq_3	Dyq_3	Hoq_3	Erq_3	Tmq_3	Ybq_3	Luq_3	
量子效率	0.16	0.11	0.10	<0.1	0.10	<0.1	1.68	

从表7.1可以看出，Alq_3、Gaq_3、Inq_3、Znq_2、Cdq_2、Laq_3可以被定义为高效发光体。Scq_3、Yq_3、Luq_3可以被定义为发光体。其他的为弱发光体或不发光体。

图 7.43 为 Alq_3 在除氧的氯仿中用 377nm 波长的光激发得到的不同温度下的发射光谱。可以看出，Alq_3 在氯仿溶液中，在溶剂完全冻结状态下的发射强度大大高于溶剂熔化后的发射强度，说明 Alq_3 的发光强度受温度影响也很大。

图 7.44 为 Alq_3 在除氧的氯仿中被 377.2nm 波长的光激发在 77K 时和室温时以及固体粉末在室温时得到的寿命衰减曲线。可以看出，除去仪器响应，总能观察到长寿命发光成分，而且这种长寿命发光成分不受样品形态、温度影响。说明

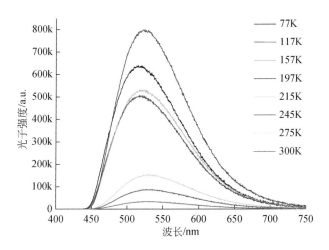

图 7.43　Alq$_3$ 在除氧的氯仿（5×10^{-3} mol/L）中用 377nm 波长的光激发得到的不同
温度下的发射光谱

这是样品固有的性质。通过更仔细地寿命衰减测量可以发现，Alq$_3$ 在低温除氧的
氯仿中的发光寿命有一个长达毫秒级的成分，如图 7.45 所示。

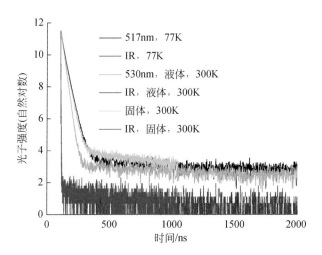

图 7.44　Alq$_3$ 在除氧的氯仿（5×10^{-3} mol/L）中被 377.2nm 波长的光
激发在 77K 时和室温时以及固体粉末在室温时得到的寿命衰减曲线

总结：Alq$_3$ 的前级衰减寿命是纳秒级的，说明 Alq$_3$ 主要是一种荧光物质。但
经仔细测试发现，无论是低温还是室温，溶液中还是固体粉末，总能发现一个不

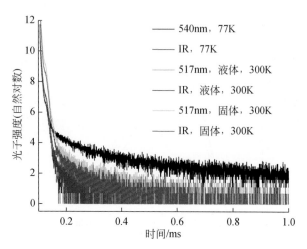

图 7.45　Alq$_3$在除氧的氯仿（5×10^{-3}mol/L）中在 77K 和室温下被 380nm
波长的光激发以及固体粉末在室温时用 MCS 法收集得到的寿命衰减曲线

与仪器响应本底噪声相重合的长寿命磷光成分，这说明 Alq$_3$具有部分磷光性质，
是一种含有磷光成分的主要发荧光的配合物。那么，金属离子 Al^{3+}到底是起什么
作用的？其发光机制到底是什么？

图 7.46 为 8-羟基喹啉与 Al^{3+}、Ga^{3+}、In^{3+}、Tl^{3+}形成的配合物在除氧氯仿中

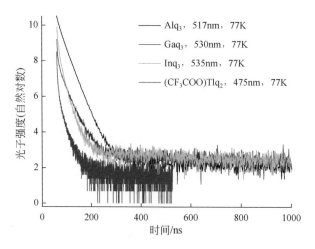

图 7.46　8-羟基喹啉与 Al^{3+}、Ga^{3+}、In^{3+}、Tl^{3+}形成的配合物在除氧氯仿中 77K 时
被 377.2nm 波长的紫外光激发得到的寿命衰减曲线

77K 时被 377.2nm 波长紫外光激发得到的寿命衰减曲线。可以看出，4 种金属离子形成的配合物在除氧氯仿中低温下的发光寿命基本相同，主要由短寿命的荧光构成，并有长寿命磷光组分。

图 7.47 为 8-羟基喹啉与 Al³⁺、Ga³⁺、In³⁺、Tl³⁺ 形成的配合物在除氧氯仿中发光被 380nm 波长的光激发得到的寿命衰减曲线。可以看出，4 种金属离子形成的配合物在除氧氯仿中低温下的长寿命磷光成分衰减模式基本相同。

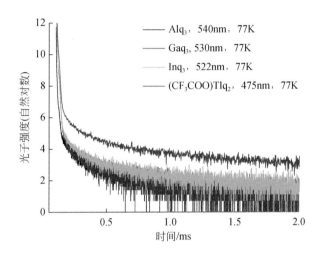

图 7.47　8-羟基喹啉与 Al³⁺、Ga³⁺、In³⁺、Tl³⁺ 形成的配合物
在除氧氯仿中 77K 时被 380nm 波长的光激发得到的寿命衰减曲线

图 7.48 为 8-羟基喹啉与 Al³⁺、Ga³⁺、In³⁺、Tl³⁺ 形成的配合物在除氧氯仿中室温下被 377.2nm 波长的光激发得到的寿命衰减曲线。可以看出，4 种金属离子形成的配合物在除氧氯仿中室温下的衰减模式基本相同。

图 7.49 为 8-羟基喹啉与 Al³⁺、Ga³⁺、In³⁺、Tl³⁺ 形成的配合物的固体粉末在室温下被 377.2nm 波长的光激发得到的寿命衰减曲线。可以看出，4 种金属离子形成的配合物的固体粉末在室温下的衰减模式基本相同。

综上，铊的原子序数虽然很高（81），比铱的 77 和铂的 78 都高，但是铊与8-羟基喹啉生成的配合物的寿命衰减与 Alq₃ 相比没有明显不同。没有体现出所谓的"重金属效应"，没有使得铊与 8-羟基喹啉生成的配合物的寿命表现出长寿命，因而不能称铊配合物为磷光配合物。从表 7.1 可以看到，同样为重金属的 82号元素 Pb 与 8-羟基喹啉生成的配合物，Pbq₂ 的发光量子产率也是极低的。可见所谓的"重金属效应"不适合于主族元素。

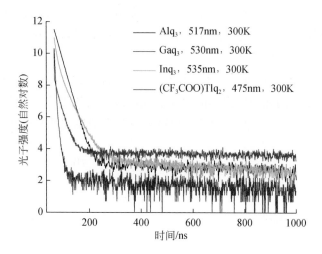

图 7.48　8-羟基喹啉与 Al^{3+}、Ga^{3+}、In^{3+}、Tl^{3+} 形成的配合物在
除氧氯仿中室温下被 377.2nm 波长的光激发得到的寿命衰减曲线

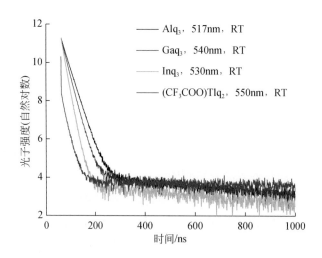

图 7.49　8-羟基喹啉与 Al^{3+}、Ga^{3+}、In^{3+}、Tl^{3+} 形成的配合物的固体粉末
在室温下被 377.2nm 波长的光激发得到的寿命衰减曲线

　　但是对于铂与 8-羟基喹啉生成的配合物，经测试，主要成分却是长寿命的，因而是磷光配合物。

　　图 7.50 为 Ptq_2 在除氧氯仿中不同温度下以及固体粉末在室温被 460nm 波长的光激发得到的发射光谱。可以看出，

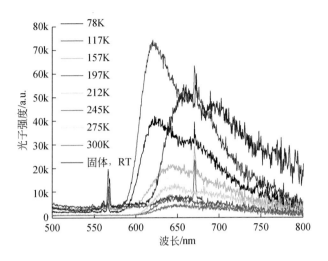

图 7.50　Ptq$_2$在除氧氯仿（5.9×10^{-4}mol/L）中不同温度下以及固体粉末
在室温被 460nm 波长的光激发得到的发射光谱

①Ptq$_2$的发射和第三主族元素如 Alq$_3$ 的发射完全不同，发射的是红光和红外光；

②Ptq$_2$在溶液中的发射的强度在未熔化前基本随温度升高而降低。

图 7.51 为 Ptq$_2$在除氧氯仿中 77K 时 460nm 波长的光激发得到的寿命衰减曲线。可以看出，其寿命衰减在微秒级，因此在低温下是完全磷光性质。

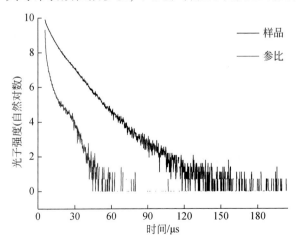

图 7.51　Ptq$_2$在除氧氯仿（5.9×10^{-4}mol/L）中 77K 时被 460nm 波长的光激发
得到的寿命衰减曲线

图 7.52 为 Ptq$_2$ 的固体粉末在室温下被 377.2nm 波长的光激发得到的寿命衰减曲线。可以看出，其寿命衰减相对于 77K 的除氧溶液，有所缩短。前级衰减成分为短寿命，因此含有荧光成分。因此在室温下，固体 Ptq$_2$ 是荧光-磷光的混合物。

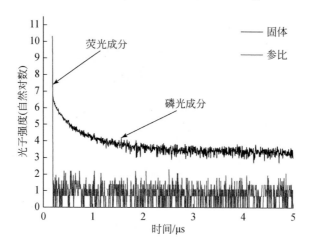

图 7.52　Ptq$_2$ 的固体粉末在室温下被 377.2nm 波长的光激发得到的寿命衰减曲线

图 7.53 为 Ptq$_2$ 在除氧氯仿中室温下被 377.2nm 波长的光激发得到的寿命衰减曲线。可以看出，其寿命大幅缩短，前级衰减寿命很大一部分为纳秒级。后级衰减寿命虽然为微秒级，但样品信号强度已经和仪器响应的区别不大。因此除氧氯仿中室温下 Ptq$_2$ 主要为荧光性质，可以定义成荧光-磷光混合物。

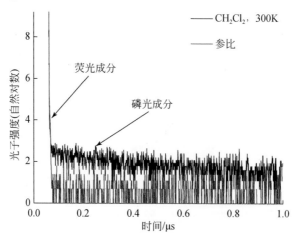

图 7.53　Ptq$_2$ 在除氧氯仿（5.9×10^{-4} mol/L）中室温下被 377.2nm 波长的光激发得到的
寿命衰减曲线

综上，8-羟基喹啉的铂配合物在室温时的固体和除氧溶液中，磷光发射成分变弱，荧光发射成分明显增多。由此可见，即使是典型的重金属元素铂，其因"重原子效应"为 8-羟基喹啉系列配合物的磷光成分带来的贡献却不大。由此可见，"重原子效应"还要结合配体的性质。

所以，要彻底理解 8-羟基喹啉类金属有机配合物的发光性质还需要进一步实验。实验表明，8-羟基喹啉既可以和酸反应，也可以和碱反应，反应产物的发光性质基本和 Alq$_3$ 的一致。

图 7.54 表明，QHCl 在溶液中的发射峰虽然在 470nm，但这种有点蓝移的宽峰不能掩盖其本质。其发光机制和 Alq$_3$ 的类似。这从图 7.55 ~ 图 7.58 中其固体的发射光谱和寿命等测试中可以看出。

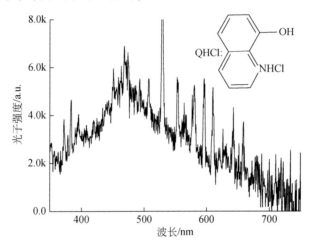

图 7.54 QHCl 在除氧氯仿（5.9×10^{-4}mol/L）中 77K 时被 310nm 波长的光激发所得到的发射光谱

如图 7.55 所示，无论是否与铝离子配位、羟基是在 8 位还是 5 位、和酸反应还是和碱反应，这些化合物的发射光谱相似。不仅如此，如图 7.56 所示，这些化合物的寿命衰减曲线也相似。

如图 7.57 和图 7.58 所示，QHCl 在除氧氯仿中所得到的寿命衰减曲线和 Alq$_3$ 一致。

综上，得出如下结论：

1. 铝离子的一个主要作用是消除 8-羟基喹啉配体中的分子内和分子间氢键（图 7.59）

8-羟基喹啉中的氢键为什么能猝灭荧光呢？按理，氢键的存在可以增加分子

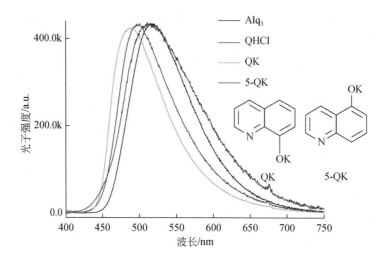

图 7.55　Alq₃、QHCl、QK 和 5-QK 的固体粉末在室温下的发射光谱（380nm 波长的光激发）

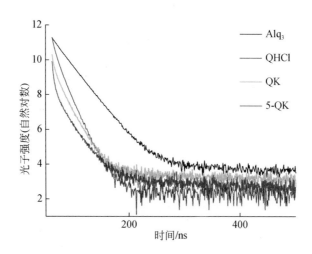

图 7.56　Alq₃、QHCl、QK 和 5-QK 的固体粉末在室温下被 377.2nm 波长的光激发
得到的寿命衰减曲线

的刚性，有利于发光。但是，8-羟基喹啉纯配体固体粉末没有肉眼可见荧光，而
Alq₃、QHCl、QK 和 5-QK 这些物质在消除了氢键的作用后，都发很强的荧光。

π-BET 理论的解释如下：当氮原子和氢原子形成氢键时，不仅氮原子上的一
对 sp² 杂化的孤对电子（此时与吡啶环平行排列）可以与氢原子上的空 2s 轨道成
键，氮原子上的 2p 轨道的电子也可以与氢原子的空 2p 轨道成键。所以，当喹啉

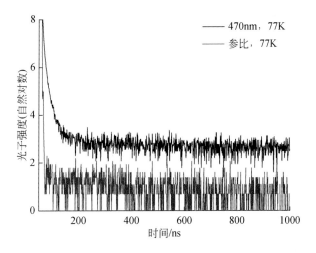

图 7.57 QHCl 在除氧氯仿（5.9×10^{-4} mol/L）中 77K 下被 377.2nm 波长的光激发
得到的寿命衰减曲线

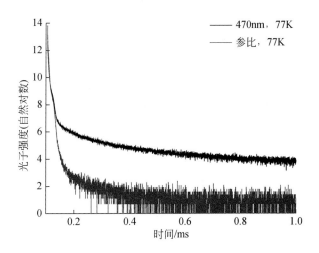

图 7.58 QHCl 在除氧氯仿（5.9×10^{-4} mol/L）中 77K 下被 378nm 波长的光激发
得到的寿命衰减曲线

上的—C≡N—受光照射发生异裂后到达 S_1^* 态，此时氮负离子上的孤对电子由于氢键的作用可以与氢原子的空 2p 轨道发生重叠，形成配位键，从而氢键得到加强。这样做的结果就是处于准激发态的 8-羟基喹啉难以再发生电子转移——无论是带有自旋轨道耦合的三线态吸收还是不伴随自旋轨道耦合的单线态吸收，都

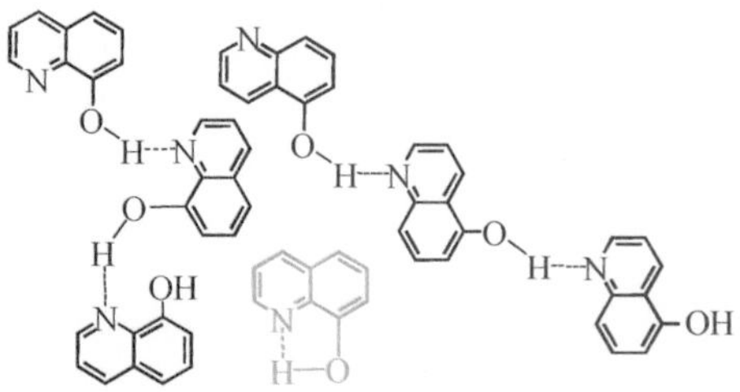

图 7.59　8-羟基喹啉和 5-羟基喹啉配体存在的分子内氢键和分子间氢键

将难以发生。因而发光被猝灭。陈国珍等在所著《荧光分析法》中所言[15]："氮杂环化合物的碱性在其激发态要比基态时强得多，因此可以预计其激发态要比基态更强烈地与质子发生氢键的作用。8-羟基喹啉比 5-羟基喹啉的荧光量子产率小100 倍。解释这个差别的原因，只能是两者结构上的差异。8-羟基喹啉的羟基与芳环上的氮原子相距较近，因此除了形成分子间氢键外，还可能形成分子内氢键。在 5-羟基喹啉中，则只形成分子间氢键。由于分子间和分子内氢键都会增大 $S_1 \rightarrow S_0$ 内转化的速率，从而影响 8-羟基喹啉的荧光量子产率。在其他表现有分子内氢键的体系中，也显示了这样的一些影响"[16]。这种解释和 π-BET 理论的解释大致一致，即"氮杂环化合物的碱性在其激发态要比基态时强得多"这句话，与 π-BET 理论中的氮负离子比中性氮原子的碱性强得多对应，与 π-BET 理论达到了"心有灵犀"的程度，从而间接印证了 π-BET 理论的正确性（图 7.60）。

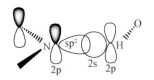

图 7.60　8-羟基喹啉和 5-羟基喹啉配体存在的分子内氢键和分子间氢键的本质。氢原子有空的 2s 轨道可以容纳氮原子上来自 sp² 杂化的一对电子，空的 2p 轨道容纳来自氮原子上一对来自 2p 轨道的一对电子。当碳氮键异裂得到氮负离子后，氮负离子上的孤对电子与氢原子上的空 2p 轨道成键，不容易发生电子转移从而猝灭发光

2. 解释 8-羟基喹啉系列配合物的发光机理

下面解释为什么 Alq_3 发光最强。

要想弄明白 Alq_3 的发光机制，需先研究 Alq_3 是如何成键的。表面上看，8-羟基喹啉中配位原子有六个，即三个氧原子和三个氮原子。但是氧原子虽然电负性

比氮原子高，当失去质子，氧原子变成氧负离子后，氧原子的碱性大大提高，给电子能力大大提高，从而配位能力也就大大提高。在配合物中，金属离子表现出酸性，提供空轨道容纳来自配体的孤对电子以形成配位键。在 Al^{3+} 中，其电子构型为 $1s^2 2s^2 2p^6 3s^0 3p^0$，也就是铝原子失去三个电子变成铝离子后，其第三周期的轨道均为空。但是空的 3s 和 3p 轨道加在一起只有四个，而 3d 轨道虽然也是空轨道，但是主族元素的 d 轨道是不参与成键的，这也是它们之所以被称为主族元素的原因。4s 和 4p 轨道虽然也是空的，但是周期数太高，能量相差太大，那么氮原子和氧原子加一起的孤对电子有六对，怎么办呢？从氮原子和氧负离子配位能力的差别上，可以这样理解：铝离子可以利用一个 3s 和两个 3p 轨道，形成三个 sp^2 轨道，优先满足三个氧负离子的配位。剩余一个空的 3p 轨道，可以与三个氮原子中的一个氮原子的 2p 轨道上的电子共轭，从而三个氮原子中的两个氮原子不参与配位。

　　如图 7.61 所示，三个氧原子是同一平面，符合铝离子利用 sp^2 杂化空轨道与氧原子配位的特征。但是 O—Al—O 的键角并不符合通常 sp^2 杂化的 120°。从单晶数据上看，分别是 97.52°、94.05° 和 168.22°，可以与 N—Al—N 的 89.46°、92.81°、173.82° 形成对比，也就是说，O—Al—O 的键角比 N—Al—N 的键角更有接近 120° 的趋势。但是为什么不是 120° 呢？为什么没有采取 120° 却仍然可以被定义成 sp^2 杂化呢？这个问题很简单，那就是并不是所有 sp^2 杂化都要采取 120°，是否采取 120° 要看电子对的排斥情况。在乙烯中，三个 sp^2 杂化轨道与氢成键后，有足够的空间容纳这三对孤对电子，所以尽可能地在空间中相互分隔，越远越好，以便将电子对的排斥力减少到最低。剩余的一个空 2p 轨道也尽可能与这三对电子保持最远的距离，就是垂直于这个平面三角。这是最低能量原则所约束的最自然而然的选择。Alq_3 共有六对孤对电子，如果 O—Al—O 采取 120° 的平面三角，那么必然导致其中的两个氧铝键与其中一个氮铝键之间的夹角小于或等于 60°，因为三个氧铝键和一个氮铝键须在一个平面，这样才能组成一个八面体，这就导致电子对之间的排斥力将非常大。所以，Alq_3 的八面体结构正是最低能量原则所约束的选择，也就是铝离子与六对孤对电子之间的角度均为大约 90°，无论成键与否！

　　另一方面，对比三个 O—Al 键的键长 1.8505Å、1.8571Å、1.8602Å 和三个 N 原子到 Al 原子之间的距离 2.0172Å、2.050Å、2.087Å 可以推测，氧铝键比氮铝键之间的距离短。这也说明了氧铝之间成键，而氮铝之间有可能不成键。

　　在铝离子提供三个空 sp^2 杂化轨道与三个氧负离子成键后，铝离子与 sp^2 杂化轨道垂直的还有一个空的 3p 轨道。这个空的 3p 轨道可以接受一个碳氮键异裂后

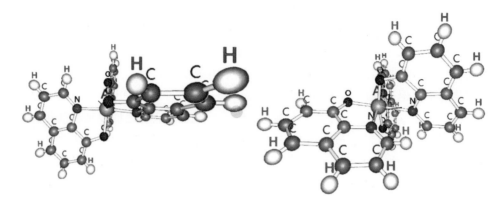

图 7.61　8-羟基喹啉铝的单晶结构，红色为氧原子[17]，蓝色为氮原子

的氮负离子的一对孤对电子。如图 7.62 所示，吡啶环上碳氮键异裂后，氮原子上的一对孤对电子可以与这个铝离子的空 3p 轨道平行，因而得以固定。但是，其他两个配体上的氮负离子，就没有铝离子的空轨道接纳其上的孤对电子了。所以，正是其他两个配体上的氮负离子上的孤对电子可以帮助完成 Alq$_3$ 对能量的吸收和电子转移从而产生光发射，所以 Alq$_3$ 具有强荧光发射。

　　但是，随着离子半径的增大，在 Gaq$_3$ 和 Inq$_3$ 中，金属离子的空轨道变成 4s、4p 和 5s、5p，金属离子与氧负离子和氮负离子的孤对电子键合程度减弱，这将导致分子骨架振动加剧，使得电子转移跃迁越来越难以发生，导致发光强度变弱。到 Tl(CF$_3$COO)q$_2$，铊的原子半径变得非常大，甚至都难以与三个 8-羟基喹啉大配体成键，不得不采用一个三氟乙酸分子补上，从而导致整个分子振动程度非常大，氮负离子上的孤对电子难以发生电子转移，导致发光猝灭。Pbq$_2$ 和 HgClq 中的发光猝灭就是这个原因。汞、铊、铅的核电核数分别为 80、81、82，都是副主族元素重原子，没有体现出所谓的"重原子效应"。迄今为止，文献报道上也鲜见这三个副主族元素的"重原子效应"。

　　考察表 7.1 中的发光较强的配合物 Alq$_3$、Gaq$_3$、Inq$_3$、Znq$_2$、Cdq$_2$、Scq$_3$、Yq$_3$、Laq$_3$、Luq$_3$。在这些配合物中，金属离子的外层电子构造分别为 $3s^0 3p^0$、$4s^0 4p^0$、$5s^0 5p^0$、$3d^{10} 4s^0$、$4d^{10} 5s^0$、$3d^0 4s^0$、$4d^0 5s^0$、$4f^0 5d^0 5s^0$、$4f^{14} 5d^0 5s^0$。也就是说，金属离子中外层 s 轨道和 p 轨道均为全空，d 轨道和 f 轨道均为全空或者全满。因此可以认为，这些金属离子中都没有 d 轨道电子或 f 轨道电子参与成键。据此可以甄别出，要想在 8-羟基喹啉类配合物中得到有效的发光，必须排除 d 轨道和 f 轨道电子的参与成键。根据分子轨道理论，这些电子可以与 8-羟基喹

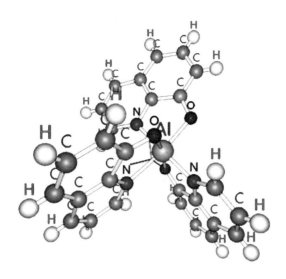

图 7.62　8-羟基喹啉铝的单晶结构。红色为氧原子。三个氧原子在一个平面上。铝离子采取 sp² 杂化，在垂直于三个氧原子组成的平面上，还有一个空的 3p 轨道与左下角的氮原子的 p 轨道平行。另外两个配体上的氮负离子没有铝离子提供的空轨道形成配位键，这是 Alq_3 具有强荧光发射的机制

啉配体上的 p 轨道电子形成反馈 π 键。如前所述，Alq_3 中恰好剩余两个碳氮键上的孤对电子未参与金属离子的成键，从而可以产生有效的电子转移。一旦成键，就难以发生有效的电子转移了。

相反，对于 Cr^{3+}、Fe^{3+}、Co^{3+}、Ni^{2+}、Cu^{2+}、Rh^{3+}、Ce^{3+}、Pr^{3+}、Nd^{3+}、Sm^{3+}、Eu^{3+}、Gd^{3+}、Tb^{3+}、Dy^{3+}、Ho^{3+}、Er^{3+}、Tm^{3+}、Yb^{3+} 离子半径不大的副族元素，它们有 d 轨道或 f 轨道的电子，从价键理论分析也可以得出金属离子会形成 d^nf^nsp 杂化轨道与氮负离子上的孤对电子形成配位键，从而影响氮负离子上的孤对电子发生电子转移和跃迁，猝灭发光。

Ptq_2 配位数为 4，铂离子高周期性带来的高变形性以及可以提供四个空的 sp^3 或 dsp^2 杂化轨道与 q 配体形成有效的配位键，这就如氢键一样，使 Ptq_2 的电子转移变得艰难，从而 Ptq_2 的发光效率并不高。

但是，铂离子 d 轨道的高变形性，又使铂区别于高周期性的主族元素，如没有 d 轨道参与成键的 Tl^{3+}、Pb^{2+}、Hg^{2+}。由于铂的高周期性，和有可能的 d 轨道电子参与成键特性，使得既能形成有效的共价键但这四个配位键的牢固程度减弱，从而可以发生通过铂离子中继的一定程度的电子转移，这个被转移的电子有

可能进入铂离子空的 d 轨道，帮助完成自旋轨道耦合。所以在超低温下，Ptq$_2$表现出完全磷光性质（图 7.63 和图 7.64）。

在 Ptq$_2$中，发生了分子间的电子转移（MLET 或 LMET），但有一个问题需要提出，在 MLET 或 LMET 发生时，电子到底有没有进入金属离子的轨道？如果进入铂离子的轨道，是分子内的还是分子间的？显然，首先铂配合物的发光是宽谱，电子跃迁绝对没有发生在金属离子的轨道之间，而是配体到金属再从金属到配体。其次，由于 Pt—N 之间存在弱的配位键，当碳氮键异裂后，氮负离子上的孤对电子仍以弱配位键的形式与铂离子键合，所以不能发生分子内的配体到金属再金属到配体的电子转移而发光，而只能是分子间的此分子的配体到另一分子的铂离子的电子转移。这可以从 6.2.12 小节得到证明。铂、铱的碳氮配合物电致发光效率非常高，因而必然是分子间的电子转移。

如图 7.63 和图 7.64 所示，室温发光寿命测试中总能发现荧光成分，故不仅发生了 LMET 和 MLET，而且普通的从氮负离子到碳正离子的电子转移也发生了。但是，N. J. Turro 提出的由于铂、铱的高核电荷数（重金属效应），因为没有在高核电荷数的主族元素上观察到，而不能得到肯定的答案。

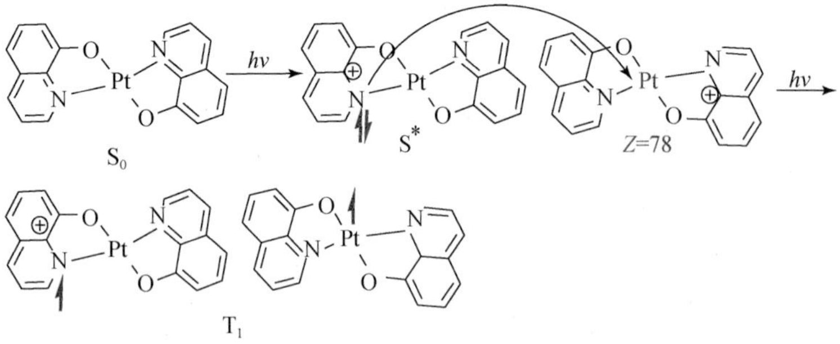

图 7.63　π-BET 理论中 Ptq$_2$的磷光发光机制

如图 7.65 所示，8-羟基喹啉配体在与稀土离子 Eu^{3+} 和 Tb^{3+} 配位时，并没有发稀土离子的特征线型磷光，而是和 Alq$_3$ 等类似，发光峰在 510nm 左右。稀土离子在和 β-二酮类配体形成配合物时，所发的磷光是典型的稀土离子的特征线谱。所以，可以得出确定的结论，无论是"重原子效应"还是稀土配合物的原子线型磷光谱，都需要特定的配体结构来配合，这又一次印证了 π-BET 理论，因为π-BET 理论强调了配体的结构，强调了配体结构对电子转移的至关重要性！

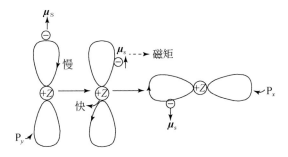

图 7.64　N. J. Turro 提出的自旋轨道耦合产生机制

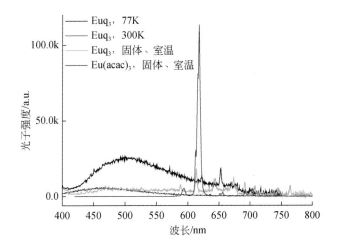

图 7.65　Euq₃ 在氯仿中 77K 和室温下及其粉末状态在室温下与 Eu(acac)₃的
固体粉末在室温下的发光光谱

　　在讨论 Euq₃为什么没有稀土离子的特征线谱，Eu(acac)₃却是特征线谱时，只需比较 q 和 acac 结构的区别即可。

　　π-BET 理论给出的解释是：在 Eu(acac)₃中，acac 利用烯醇式构造与铕离子配位。其中一个氧负离子的结构和 q 配体中的氧负离子的结构完全相同（q 配体中的氧负离子也可以理解成烯醇式构造）。所以 Eu(acac)₃与 Euq₃结构上的一个主要区别就是前者的配位原子为碳氧双键中的氧原子，后者为碳氮双键中的氮原子。氧原子和氮原子不仅核外电子数不同，其所在的化学环境也不同，而且其酸碱性也不同。另一个细小区别就是前者是六元环后者是五元环，但这对发光的影响应该不大，我们集中关注碳氧双键和碳氮双键。当 Eu(acac)₃中的碳氧双键异裂后，氧原子上就具有三对孤对电子，根据共振论，这三对孤对电子其实是无法区分的，即负电荷可以随机地落在任何一对电子上。如前对 Alq₃ 的分析中可见，在其中一对电子与铕离子成键后，就可以起到固定氧原子的作用，还余两对孤对电子可以发生电子转移跃迁而发光。无论氧原子采取 sp² 杂化还是 sp³ 杂化，氧原子上的氧负离子吸收能量后发生向铕离子的电子转移都会因氧原子和铕离子的轨道不同而伴随自旋轨道耦合。一般情况下，采取 sp³ 杂化的趋势更强、更稳定，所以氧负离子会沿碳氧单键自由旋转，其中一对孤对电子可以达到和铕离子上的空轨道平行重叠的程度而形成有效的 O—Eu 键。这种有效的 O—Eu 键起到了稳定结构的作用，从而更加有助于氧原子上另外一对孤对电子拆开向铕离子进行电子转移。而喹啉环中碳氮键中的氮原子上的孤对电子在碳氮键异裂后继续与铕离子形成有效的配位键，从而阻碍这对电子拆开向铕离子进行电子转移，也就是说，氮负离子缺少像氧负离子上那么多的孤对电子以便进行有效的电子转移，也影响其进行分子间电子转移。氮上另一对孤对电子是与吡啶环平行的，也可以与铕离子成键，恰如氢键，所以在 Euq₃ 中，发生的是低效的配体-配体的电子转移，而不是像 Eu(acac)₃ 中那样的高效的配体-金属的分子内电子转移（图 7.66）。

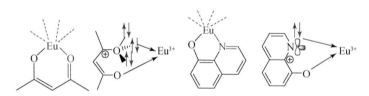

图 7.66　Eu(acac)₃ 和 Euq₃ 的结构比较

Eu³⁺ 的外层电子构型是 4f⁶6s⁰，在形成配合物时，铕离子有多余的空 4f 轨道接受电子。4f 有 7 个轨道，在空间有多个伸展方向，既很容易和配体的孤对电子成键（图 7.67），也容易接受电子，这一点无论是价键理论分析，还是用分子轨道分析，得出的结论都一样。

当铂离子与 2-苯基吡啶和 8-羟基喹啉同时配位形成 (ppy)Ptq 配合物时，这种混合配体配合物的发光主要由 q 配体主导[18-20]。在 2-苯基吡啶与铂离子配位时，苯基上的一个氢离子先失去，生成一个碳负离子，与铂离子形成配位键。

图 7.68 说明在铂离子与 2-苯基吡啶和 8-羟基喹啉形成的混合配体配合物 (ppy)Ptq 中存在"竞争上岗"的趋势。2-苯基吡啶配体的吡啶环吸收光发生碳氮键异裂后，如果氮负离子采取 sp³ 杂化，那么将不与苯环和吡啶环上的四个 π

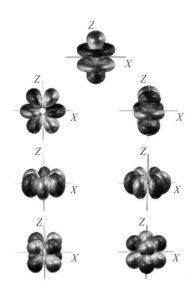

图 7.67　4f 轨道在空间的伸展方向

电子共轭，从而苯环上的六个 π 电子与吡啶环上剩余的四个 π 电子可能会形成一个比较稳定的"10 个 p 电子的准芳香体系"，这样的体系比较稳定，势能比较低，所以准激发态的势能比较低。8 羟基喹啉配体吸收光发生碳氮键异裂后，如果氮负离子采取 sp³ 杂化，那么将不与喹啉环上的剩余的八个 π 轨道电子共轭，从而喹啉环上剩余八个 p 轨道电子形成"非芳香体系"，这样的体系势能比较高。鉴于二者的激发三重态都是非芳香体系，势能基本相同，所以从 S^* 到激发三重态之间的能量差低的发光，（ppy）Ptq、Ptq₂ 发的是红光-红外光，受 8-羟基喹啉配体支配。7.14 节介绍了 Ir(ppy)₃ 的发光机理。从其机理上可以看出，对于铂、铱等金属有机配合物来说，吸收和发射都有可能经过金属离子中继。（ppy）₂Irq、（ppy）Ptq、Ptq₂ 等的红外发光谱可以作为金属离子中继的证据。

　　总之，金属有机配合物的发光机理非常复杂，还需要更多的实验数据支撑，才能对其发光机理做更深入的了解。

　　当 Alq₃ 固体被 255nm 波长的光激发时，能观察到长寿命的磷光。显然，这是配体上的苯环发生异裂后再分子间转移造成的（图 7.69）。

　　在有机电致发光中，为什么 Alq₃ 固体薄膜被定义成荧光材料而不是磷光材料？这可能是因为在有机电致发光中，薄膜的厚度一般为 100nm 以上，而电压一般为几伏的直流电，这样的电场强度基本固定不变。更高的电压虽然可以导致更高的电场强度，但是有机薄膜承受不了高压，会被击穿。因而，在有机电致发光

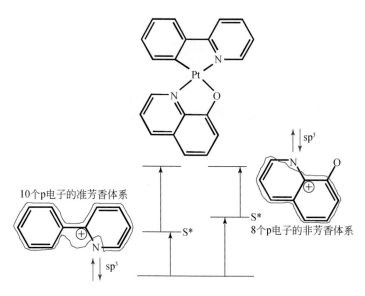

图 7.68　铂离子与 2-苯基吡啶和 8-羟基喹啉形成的混合配体配合物 （ppy）Ptq 中碳氮
键异裂后的能级

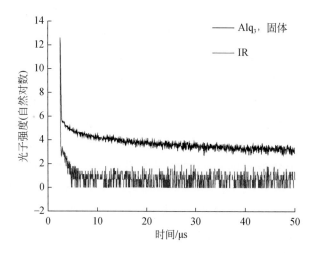

图 7.69　Alq₃固体粉末被 255nm 波长的光激发后得到的寿命衰减曲线 （在 517nm
波长监测、室温）

中，如此的电场强度达不到远紫外光中的 255nm 波长的高能量。因而也就激发不
出 Alq₃固体粉末中的固有磷光。后续的研究中如果通过器件结构或给电途径的改
进，能得到超高电场又不至于击穿薄膜，则有望得到 Alq₃的室温电致磷光。

7.11 二苯甲酰甲烷与铝的配合物

二苯甲酰甲烷（dbm）可以很容易地与 Al^{3+} 形成配合物。研究其发光性质有助于理解主族元素配合物中的价键形成，以及进一步为 π-BET 理论提供强有力的证据。

图 7.70 为 $Al(dbm)_3$ 在氯仿中除氧情况下用 375nm 波长的光激发得到的不同温度下的发射光谱。可以看出，配合物的发射受温度的影响很大。在氯仿的熔点附近强度衰减尤其明显，到达室温后已经很大程度上被猝灭了。这也从一个侧面说明，配体与金属离子配位后，六个氧原子并没有被完全固定下来，因为主族元素缺少稀土元素那样的空 f 轨道，依然可以观察到很明显的"轨道自旋角动量"不容易守恒造成的发光猝灭。这也就说明了 7.10 节推测的类似 Alq_3 中 8-羟基喹啉作为碱与 Al^{3+} 作为强酸的键合，Al^{3+} 仅仅和该三个 q 配体中的三个氧原子以 sp^2 杂化轨道键合，铝离子作为主族元素，没有足够多的空轨道容纳碳氮键异裂后三个氮原子上的三对孤对电子。$Al(dbm)_3$ 中六个氧原子中的孤对电子仅有四对得以固定，从而导致在流动性强的溶液中氧原子绕碳氧单键强烈旋转，无法有效地进行分子间电子传递。$Eu(acac)_3$ 中由于铕离子的 f 轨道参与配位，可以有效地固定六个氧原子的六对孤对电子，使得另外的孤对电子得以稳定地向铕离子进行

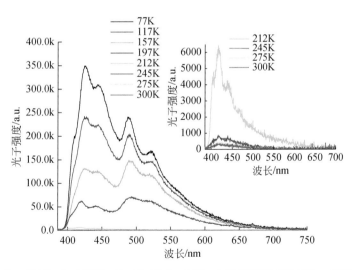

图 7.70　$Al(dbm)_3$ 在氯仿（$5.34×10^{-4}mol/L$）中除氧情况下用 375nm 波长的光
激发得到的不同温度下的发射光谱

电子转移，因而在室温溶液中可以观察到 Eu(acac)₃ 的强发光。

　　图 7.71 为 Al(dbm)₃ 和二苯甲酮在氯仿中 77K 下除氧后得到的发射光谱对比。可以看出，二者在低温除氧氯仿中的发射光谱大体相似。这说明配体 dbm 中的"轨道自旋角动量"并没有因为与铝离子配位而容易守恒。二者的发射光谱均与碳氧双键的异裂有关。

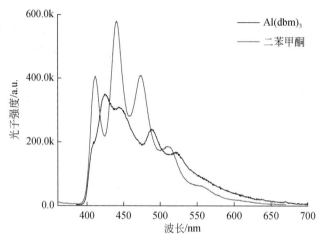

图 7.71　Al(dbm)₃ 和二苯甲酮在氯仿中 77K 下除氧后得到的发射光谱对比（分别为
375nm 和 340nm 波长的光激发）

　　图 7.72 为 Al(dbm)₃ 在氯仿中 77K 下除氧后用 377nm 波长的光激发、在

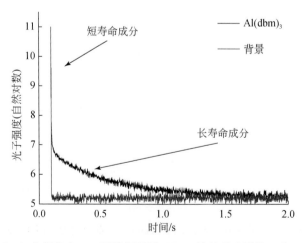

图 7.72　Al(dbm)₃ 在氯仿中 77K 下除氧后用 377nm 波长的光激发、在 523nm 波长监测
得到的寿命衰减曲线

523nm 波长监测得到的寿命衰减曲线。可以观察到短寿命成分和非常长的长寿命成分。说明在低温下，氧原子的"轨道自旋角动量"可以被部分抑制，磷光得以实现。

7.12　具有官能团的芳香族化合物——五甲基苯甲腈

含氰基的芳香族化合物是一类非常适合用 π- BET 理论解释发光性质的化合物。

图 7.73 为氰基在吸收紫外光发生碳氮键异裂后，碳原子和氮原子的杂化轨道及空间构型。氮的电负性比碳大，碳氮键发生异裂后，电子云偏向于氮。氮原子在吸引这对孤对电子后，可以继续采用 sp 杂化，也可以采用 sp² 杂化。氮原子如果继续采用 sp 杂化可以稳定碳正离子。氮原子如果改用 sp² 杂化则可以最大限度地使两对孤对电子在空间上得以分开，减少电子对之间的排斥力。碳正离子则既可以由苯环来稳定，也可以由来自氮原子的两对孤对电子的超共轭来稳定。所以碳正离子的 p 轨道是垂直于苯环平面的，碳氮的剩余双键的两个 p 轨道就是平行于苯环平面的。那么氮负离子的平面三角就是和碳正离子的 p 轨道平行的。这样，氮负离子上的两对孤对电子也就可以通过超共轭效应来稳定碳正离子。当氮负离子采用 sp² 杂化后，氮原子上的这对带负电荷的孤对电子可以 120°分开，从而最大限度减少孤对电子的排斥力。接着发生伴随自旋轨道耦合的分子间的向 sp 杂化的碳正离子的电子传递，到达激发三重态，进而受体分子再次发生伴随自旋轨道耦合的向 sp 杂化的碳正离子的分子间电子传递，完成从激发三重态到基态的跃迁，产生磷光。机理类似于图 6.5。综上，含氰基的化合物碳氮三键异裂后得到一个含碳氮双键的碳正离子和氮负离子。由于氮负离子有双键存在，从而比较稳定，轨道自旋角动量较小，角动量守恒容易得到满足，从而容易产生磷光。

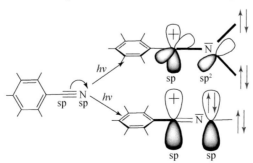

图 7.73　五甲基苯甲腈吸收紫外光后，—C≡N 发生异裂的情况

如图 7.74 所示，五甲基苯甲腈的发射光谱分为两部分，覆盖了从 370 ~ 700nm 的几乎整个近紫外到可见光谱范围。其高能量的发射范围，即从 370 ~ 500nm 的发射光谱，可能是因为苯环在五个甲基和一个氰基的推拉电子的作用下，用比较低的激发能量即可发生异裂得到的发射光谱。

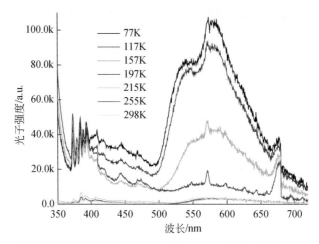

图 7.74　五甲基苯甲腈在氯仿（5.09×10^{-4} mol/L）中除氧后用 335nm 波长的光激发得到的不同温度下的发射光谱

碳氮键是否可以发生两次异裂呢？如图 7.75 所示，如果发生两次异裂，则氰基中的碳氮键第一次异裂后，由于氮的电负性比碳大，电子云偏向于氮，碳带正电荷，氮带负电荷。如果发生第二次异裂后，由于碳带正电荷，强烈吸引电子，从而导致电子云偏向于碳，这样就中和了碳上的正电荷，使碳原子不带电。氮负离子则由于给出了电子，所引起的正电荷正好中和了原来的负电荷，所以也不带电。这样，如果有两个共价键断裂，则导致碳原子和氮原子达不到"八隅

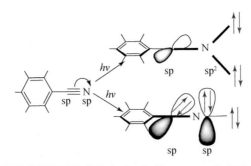

图 7.75　五甲基苯甲腈吸收紫外光后，如果—C≡N 发生两次异裂的情形

体"的稳定结构,准激发态 S^* 的势能将非常高,分子难以再复原。所以,分子不会发生二次异裂导致非常不稳定的结构。

如图 7.76 所示,无论是 394nm 波长的高能量段还是 555nm 波长的低能量段,都有短寿命成分和长寿命成分。也就是说,在同样条件下,同一时刻,分子中存在不同的异裂方式。

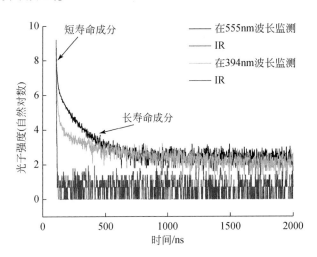

图 7.76 五甲基苯甲腈在氯仿(5.09×10⁻⁴ mol/L)中除氧下 77K 时用 310nm 波长的光激发、在 394nm 波长监测和用 380nm 波长的光激发、在 555nm 波长监测得到的寿命衰减曲线

当温度升高、溶液流动性增大后,不仅发射强度衰减,而且发射光的寿命也缩短了。这主要是因为异裂后的碳氮键中的氮原子发生从 sp² 到 sp 杂化的转变所致,并且温度升高,分子振动加剧(图 7.77)。

五甲基苯甲腈固体粉末在室温时可以测得长寿命成分的比例大。如图 7.78 所示,首先,由于氰基的极性比较强,在固体中极性共价键和相对于溶液中的流动性大大减小导致分子有序排列比较强,分子振动程度大大减小;其次,在固体中存在晶格能,可以一定程度上稳定激发态;最后,含氰基的化合物,由于在碳氮三键断裂一个键形成激发态后,碳氮之间尚余双键,由于氮的电负性比碳的大,使得碳氮双键存在吸电子的诱导效应和吸电子的共轭效应,导致碳正离子有较强的吸电子作用,所以在固体粉末和低温下,可以观察到微秒级的较快速衰减过程,而不是如苯等其他化合物,衰减过程在毫秒到秒级。

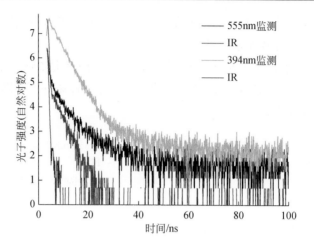

图 7.77　五甲基苯甲腈在氯仿（5.09×10⁻⁴ mol/L）中除氧下在 215K 时用 310nm 波长的光激发、在 394nm 波长监测和用 380nm 波长的光激发、在 555nm 波长监测得到的寿命衰减曲线

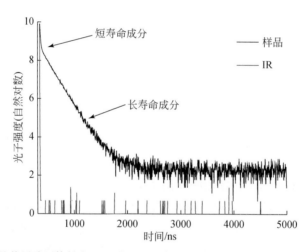

图 7.78　五甲基苯甲腈固体粉末室温时用 310nm 波长的光激发、在 400nm 波长监测得到的寿命衰减曲线

7.13　芳香族化合物——四咔唑对苯二腈

当苯环上连有咔唑这种含氮原子的给电子基团时，氰基吸收能量后异裂产生的碳正离子将通过氮原子的给电子共轭作用和场效应得以稳定。这样，碳氮剩余

双键将不容易发生异裂进而发生从氮负离子到碳正离子的电子云位移。这样可以减少由于碳氮键第二次异裂而产生碳氮单键的机会。减少碳氮单键旋转而产生的轨道自旋角动量，更容易发生电子转移产生磷光；另外，咔唑这种给电子基团的存在，可以起到稳定碳正离子的作用，也使得其与氮负离子上的孤对电子的排斥力增大，使得氮负离子更容易发生拆对和电子转移。

　　图 7.79 为四咔唑对苯二腈在除氧氯仿中不同温度下用 335nm 波长的光激发得到的发射光谱。可以看出，在氯仿熔化前，发射光的强度随着温度的升高逐渐降低。这可以理解为分子的振动对电子转移不利。但是，在氯仿熔化后，发射光的强度随着温度的升高而逐步增大且发射峰逐渐蓝移。这是否可以被视为"热激励的延迟发光"的证据呢？答案是否定的！首先，在溶剂氯仿熔化后，发射峰不断蓝移，如果热激励的延迟发光机理有效，那么就意味着 S_1 态的能级不断升高，那么 S_1-T_1 的能级差不断升高，这就导致反向系间窜越的势垒不断提高，发光强度必然不断降低，而不是增强。其次，从图 7.80 和图 7.81 看到，在 77K 和氯仿熔化后，发射光的寿命衰减没有改变，仍然是既有短寿命成分也有长寿命成分。这说明发光的本质没有改变。最后，图 7.79 中的发射峰跨度从 500~750nm，这么宽的发射峰，很难用能级势垒来解释 S_1-T_1 的正向系间窜越和反向系间窜越。

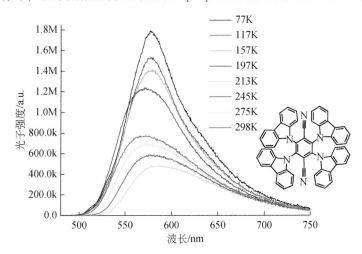

图 7.79　四咔唑对苯二腈在除氧氯仿（$5.08×10^{-4}$mol/L）中不同温度下用 335nm 波长的光激发得到的发射光谱

　　四咔唑对苯二腈的苯环上连有四个大的咔唑基团，这四个咔唑基团在空间中由于电子对之间的排斥作用，呈涡轮叶片型排布。因此，在溶液的流动性增加也就是氯仿熔化后，这四个咔唑基团可以起到"卡位"的作用，因而使分子间距离减小。温度越高，这种"卡位"越紧。分子间距离的减小，一方面使分子的刚性增加振动减小，因而发光强度增加。另一方面，也使处于电荷分离状态的激发态电场强度增大，分子间作用力增大，发光峰蓝移。

如图 7.80 所示，四咔唑对苯二腈在除氧氯仿中 77K 时的寿命衰减主要是长寿命的。寿命长到秒级。

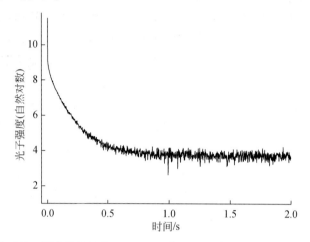

图 7.80　四咔唑对苯二腈在除氧氯仿（5.08×10⁻⁴ mol/L）中 77K 时用 340nm 波长的光激发、在 578nm 波长监测得到的寿命衰减曲线

当温度升高时，氯仿熔化后，四咔唑对苯二腈在除氧氯仿中的寿命也随之急剧缩短。如图 7.81 所示，此时有长寿命成分，短寿命成分也很明显。这可归因

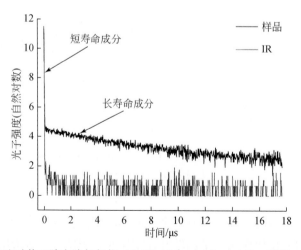

图 7.81　四咔唑对苯二腈在除氧氯仿（5.08×10⁻⁴ mol/L）中 213K 时用 378nm 波长的光激发、在 578nm 波长监测得到的寿命衰减曲线

于氮负离子的杂化轨道变化，即氮原子采取 sp 或 sp^2 杂化。

　　图 7.82 为四咔唑对苯二腈固体粉末在室温下用 378nm 波长的光激发、在 635nm 波长监测得到的寿命衰减曲线。可以得出结论：四咔唑对苯二腈并不是完全磷光化合物，而是荧光–磷光混合体。这正是由于碳氮三键异裂后，得到的碳氮双键中的氮负离子既可以采取 sp^2 杂化也可以采取 sp 杂化所致。在低温下 sp^2 杂化的成分多，在高温下 sp 杂化的成分多。其发射光谱不需要用热激励的延迟发光来解释。

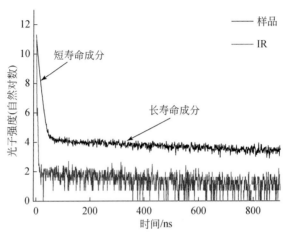

图 7.82　四咔唑对苯二腈固体粉末在室温用 378nm 波长的光激发、在 635nm 波长
监测得到的寿命衰减曲线

7.14　铱配合物——Ir(ppy)₃

　　三（2-苯基吡啶）铱的配体为 2-苯基吡啶。配位原子为碳和氮。苯环在未配位之前，为弱酸。在配位的过程中，失去氢变成碳负离子而成为强碱。所以，Ir^{3+} 能与碳负离子结合，说明 Ir^{3+} 必然是强酸。如图 7.83 所示，Ir(ppy)₃ 在除氧氯仿中，随着温度的升高，发光强度衰减。到达氯仿的熔点时，衰减得非常严重。这说明氮原子并没有和铱离子形成非常牢固的多重配位键以减少氮原子的"轨道自旋角动量"对发光的影响。极有可能由于铱的周期数高，导致铱的变形性大，从而垂直于吡啶环平面的碳氮键异裂后产生的氮负离子上的孤电子对以弱的配位键与铱离子的 d^2sp^3 杂化轨道键合。这种弱的配位键对温度敏感，当温度升高时，振动加剧，影响分子间的电子转移。反之，如果 Ir—N 键很强，碳氮键异裂后的氮负离子上的孤对电子将难以进行电子转移从而彻底猝灭发光。

事实上，从图 7.83 也可以看出，氯仿熔化后，溶剂的流动性增大，温度再升高就对发光强度产生不了很大程度的影响了。所以，从 77K 到熔化前这段发光强度的减弱，可以看作氮负离子从 sp^3 杂化逐步向 sp^2 杂化过渡造成的。熔化后，这种杂化态之间的振动就达到了一种动态平衡。所以，这两种推断都能证明 Ir—N 键比较弱，可以发生从氮负离子到碳正离子的电子转移。所以，这种弱的铱氮键一方面可以帮助稳定氮负离子，另一方面，又没有通过配位键把氮负离子上的孤对电子完全固定住，从而能产生有效的电子转移。这才是 MOJab 理论所导出"重原子效应"的真正起因。也只有像铱离子这种具有高周期数、又有 d 轨道电子的变形性高的过渡金属才具有。

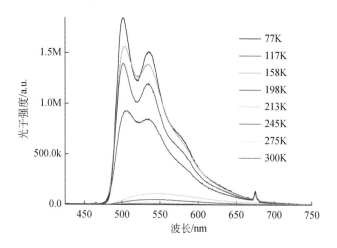

图 7.83　Ir(ppy)₃在除氧氯仿（3×10^{-5}mol/L）中用 377nm 波长的光激发
在不同的温度下得到的发射光谱

　　在电子转移的过程中，铱离子的高核电荷数对电子有没有吸引力呢？难道一点都没体现出重金属效应吗？答案是没有。但高周期性 d 轨道可以充当"中继站"的作用，从而帮助完成自旋轨道耦合。铱离子的 d^2sp^3 杂化轨道与氮原子间的弱配位作用有利于完成氮负离子到碳正离子的通过 Ir^{3+} 中继的"LMET"和"MLET"的能量吸收。这种"LMET"和"MLET"是通过分子间的氮负离子到金属离子再从分子内的金属离子到碳正离子的两次自旋轨道耦合达到的。第一次电子转移到达准激发三重态，第二次电子转移到达激发单重态。之所以如此，是因为氮负离子在吸收能量之后，能打破弱配位作用的氮铱键，不进行分子内的电子转移，因为此时分子内的氮铱键尚未完全断裂。将电子进行分子间从氮负离子到其他分子中具有将断未断的氮铱键的铱离子的转移上，再依靠吸收的能量将该电子进行第二次伴随自旋轨道耦合的分子内电子转移从而制造出激发单重态。如果氮负离子采取 sp^2 杂化，则最后的磷光其实是发生在氮负离子到 sp^2 杂化的碳正离子的直接分子间电子转移中。因为一旦作为受体的碳正离子接受单个电子之后，那么其与氮负离子的电子排斥作用将增大，从该受体氮负离子再到原来的给体碳正离子的电子转移将是快速地而自发地。本质上，这种光发射其实是从激发单重态到基态，但我们仍然定义其为磷光。如果氮负离子采取 sp^3 杂化，则在磷光发生的过程中，仍需要通过铱离子完成两次伴随自旋轨道耦合的电子转移才能完成。如图 7.84 所示，两个分子间双向同时进行，也可在不同分子间多向同时进行，所以铱配合物的电致磷光效率非常高。文献报道中常见 MLCT 的 400 ~ 500nm 的低能量吸收峰，这也是铱离子作为中继帮助完成自旋轨道耦合的证据。第一次的自旋轨道耦合发生在从氮负离子到铱离子的分子间电子转移时，这时形成的准激发三重态的势能比较高，而第二次的自旋轨道耦合发生在从铱离子到碳正离子上的分子内电子转移，需要的能量势垒就不高。

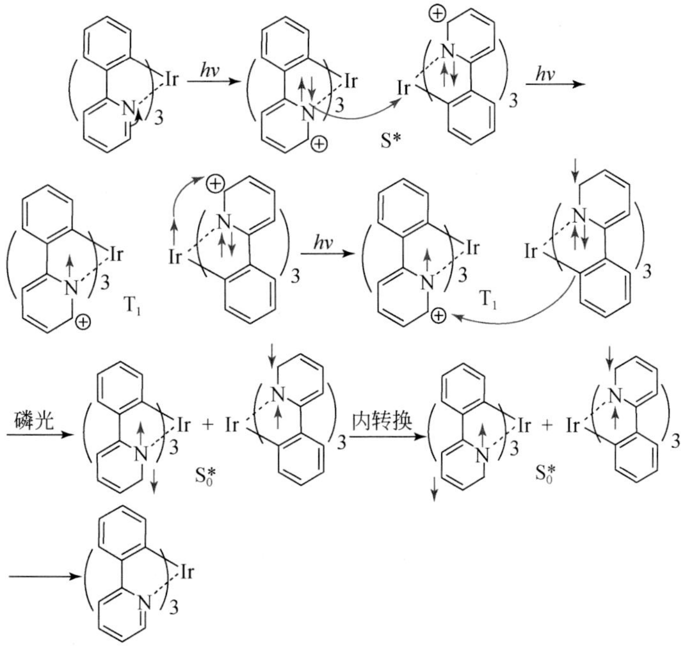

图 7.84　Ir(ppy)$_3$ 吸收能量发出磷光的结构变化和电子转移过程。吸收过程包括电子从氮负离子进行分子间电子转移到另一个分子的铱离子上（LMET），然后再吸收能量进行分子内的从铱离子到碳正离子的转移（MLET）。磷光发射是逆过程：从受体的氮负离子转移到给体的铱离子（LMET），再从铱离子经分子内电子转移到碳正离子（MLET）。发射过程也可以不通过铱离子中继，直接从氮负离子到碳正离子

图 7.85 表明，在低温下，Ir(ppy)₃ 的发射光寿命为微秒（前级指数衰减寿命为大约 3.5μs）。

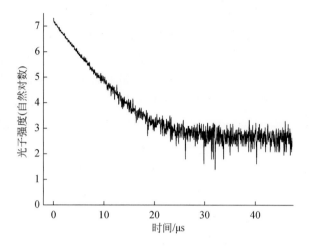

图 7.85　Ir(ppy)₃ 在除氧氯仿（$3×10^{-5}$ mol/L）中 77K 下用 380nm 波长的光激发、在 520nm 波长监测得到的寿命衰减曲线

图 7.86 表明，即使在室温下，Ir(ppy)₃ 的前级指数衰减寿命仍高达 0.1μs，所以判定 Ir(ppy)₃ 为完全磷光材料。其之所以为完全磷光材料，主要是铱离子作

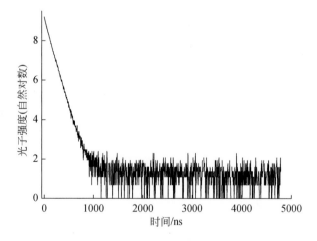

图 7.86　Ir(ppy)₃ 在除氧氯仿（$1.5×10^{-4}$ mol/L）中 300K 下用 380nm 波长的光激发、在 526nm 波长处监测得到的寿命衰减曲线

为中继站帮助完成了自旋轨道耦合。所以，不管碳氮键异裂后得到的氮负离子是采取 sp^2 杂化还是采取 sp^3 杂化，进出铱离子都会帮助完成自旋轨道耦合。

图 7.87 测试了 Ir(ppy)$_3$ 固体粉末在室温下用 380nm 波长的光激发、在 545nm 波长监测得到的寿命衰减曲线。虽然其前级指数衰减寿命仅为几十纳秒，但是仍为磷光发射。衡量一个化合物的发光是荧光还是磷光，不能仅仅看其寿命的长短。例如几十纳秒和 100ns 之间的区别不是特别大。关键是看该化合物是否发生了伴随自旋轨道耦合的电子转移，其中转移的电子的自旋是否发生了翻转，激发态是否为三重态。理论和实验均证实，在 Ir(ppy)$_3$ 中发生了 LMET 和 MLET，也就是说，铱离子作为中继站，促进了伴随自旋轨道耦合的电子转移，因而，含碳氮配位原子的铱配合物的发光基本都是磷光性质的。Ir(ppy)$_3$ 固体之所以寿命会缩短，主要是因为固体分子的分子间距离短。因为铱离子帮助完成自旋轨道耦合而导致快速到达激发态，激发态中氮负离子与金属 d 轨道的电子之间排斥作用大，不稳定，存在时间短。

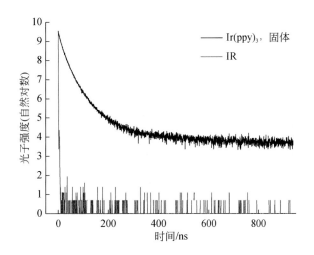

图 7.87　Ir(ppy)$_3$ 固体粉末在室温下用 380nm 波长的光激发、在 545nm 波长监测得到的
寿命衰减曲线

7.15　稀土有机配合物

稀土有机配合物是公认的经大量实验证实的磷光化合物。

从图 7.88 和图 7.89 可以看出，稀土有机配合物的寿命成分中没有短寿命成分。

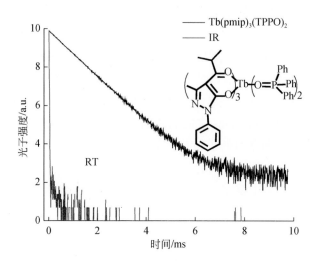

图 7.88　Tb（pmip）$_3$（TPPO）$_2$固体粉末用 310nm 波长的光激发、在 545nm 波长
监测得到的寿命衰减曲线

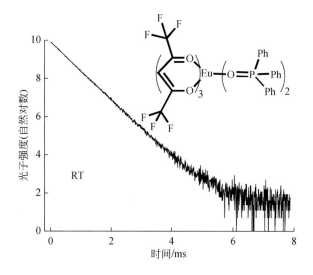

图 7.89　Eu（hfacac）$_3$（TPPO）$_2$固体粉末用 310nm 波长的光激发、在 700nm 波长
监测得到的寿命衰减曲线

　　稀土与 β-二酮类形成的配合物的发光都是窄带光谱，与图 7.90 类似。值得
注意的是，这种窄带谱并不完全如图 2.10 所示的一根线一样的原子光谱，而是
有一定半峰宽。图 7.90 中，Eu（hfacac）$_3$（TPPO）$_2$在 617.5nm 处的半峰宽约为

5nm。氢原子光谱的位置精确到小数点后三位，这意味着氢原子光谱的宽度小于
0.001nm。但是，这并不能阻碍我们把稀土有机配合物的发光光谱定义为原子光
谱，其半峰宽之所以能达到几纳米，原因在于其发光机制既与氢原子、钠原子和
其他金属离子不同，又与普通的纯有机物和非稀土有机配合物不同。

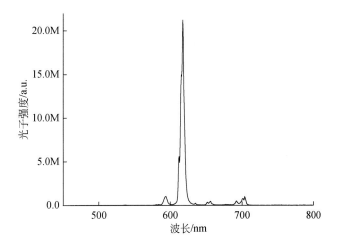

图 7.90　Eu(hfacac)₃(TPPO)₂固体粉末用 310nm 波长的光激发得到的发射光谱

　　如图 7.91 所示，其发光机制可以总结如下：稀土有机配合物吸收能量后，
羰基发生异裂，孤对电子转移到氧原子上，形成氧负离子和碳正离子。此时分子
处于 S_1^* 也就是准激发态。然后分子再次吸收能量，把氧负离子上的孤对电子拆
开，一个电子进行分子内电子转移到稀土离子的低能级也就是铕离子的 $^7F_0$ 上。
无论氧负离子采取 sp^2 杂化还是 sp^3 杂化，由于发生的是分子内从氧原子的分子
轨道到铕原子的原子轨道的电子转移，自旋轨道耦合自然发生，也就是电子经
历了第一次自旋翻转到达准激发态。接着金属离子再次吸收能量在具有不同轨
道角动量的 $^7F_0$ 和 ^5D_J 之间发生第二次电子转移。当电子从 $^5D_4$ 跃迁到 ^7F_J 时，电
子自旋发生第三次翻转，此时发生磷光。当电子到达铕原子的 ^7F_J 轨道时，并
不是分子的基态，因为铕原子的轨道上原本并不拥有这个电子。所以，该电子
第四次从铕离子的 ^7F_J 跃迁到碳正离子上从而到达 S_0^*，两个单电子结合成键到
达 S_1 基态。
　　这里要注意的是：
　　①能量的吸收虽然经历了分立的多个步骤，即 $S_0 \rightarrow S_1^* \rightarrow T_1^* \rightarrow S_1 \rightarrow T_1^* \rightarrow S_0^* \rightarrow$
S_0，但其实并不需要花费过多的时间，因为每次电子转移都保持了轨道角动量和

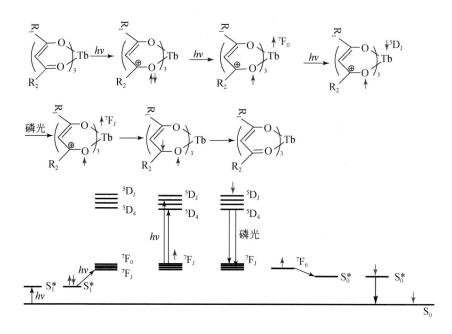

图 7.91　β-二酮类稀土有机配合物的发光机制

自旋角动量的耦合转换从而总角动量得以守恒。

②电子到达铽离子的低能级$^7F_0$时是准激发三重态T_1^*，到达$^5D_4$时是S_1单重态，跃迁返回到^7F_J时又是准激发三重态T_1^*。

③从上述机制可以看出，当电子在跃迁过程中，铽离子的原子轨道上有单电子，这个单电子与配体中的电子对有相互作用，所以势必会对铽离子的^7F_J和$^5D_4$轨道势能造成影响，也就是^7F_J和$^5D_4$会振动，故稀土有机配合物的发光光谱有一定的半峰宽，并不完全是线谱。但又是原子轨道的跃迁造成，大大窄于其他类型的化合物的发光。

这里，π-BET 理论再次显示了其处理问题的能力，解决了稀土有机配合物发光的历史遗留问题：

①发光光谱是线谱但宽于纯原子光谱窄于分子光谱。

②稀土有机配合物的电致发光效率低的原因是基于其特定的分子内电子转移而非分子间电子转移。

③稀土有机配合物发光中涉及的电子转移类型。

最后解释为什么在稀土有机配合物中发生的是分子内电子转移，而不是像Alq_3和$Ir(ppy)_3$那样，发生分子间的电子转移。

　　参考 4.5 节末段的分析可知，当 β-二酮中的碳氧双键异裂产生氧负离子后，氧负离子上其中一对电子与高周期和高轨道量子数的具有较大变形性的 4f 轨道有一定的键合作用，从而起到固定氧原子的作用，在吸收能量的作用下，氧负离子其他的孤对电子很容易被拆开直接进入 4f 轨道——不论配合物是低自旋还是高自旋，总能找到一个全空的或者仅有单电子的半空 4f 轨道容纳这个电子，从而激发带有自旋轨道耦合的分子内电子转移。

　　那么，铱、铂配合物为什么没有发射线谱？这可能与其原子轨道可跃迁的光谱项之间的能级间隙不在可见光区有关。

　　由于金属有机配合物的发光机制涉及因素众多，非常复杂，这里再简单梳理一下。

　　在 Alq$_3$ 系列中，第三主族的金属有机配合物发光都比较强，但随着离子半径的增大，发光减弱。这主要是因为金属中没有空轨道提供给配体碳氮键异裂后的氮负离子上的孤对电子，从而使得其能够被激发。离子半径越小，氮负离子与配合物中其他电子对之间的相斥作用越大，在氧铝键比较强从而可以固定分子骨架减少振动并消除氢键的情况下，可以得到强发光。其他副族金属中，具有全空或者全满 d 和 f 轨道的配合物也能发光，但是没有第三主族的配合物发光强，可能是因为这些 d、f 轨道与氮负离子形成了比较弱的相互作用，影响了其电子转移。d 和 f 轨道被未充满的电子占有的其他副族元素，发光全部被猝灭，因为与氮负离子形成的键比较强，氮负离子上的电子无法转移。但对于高周期性的铂元素来说，其与氮负离子键合的是 5d 轨道，5d 轨道的变形性比较大，能量较高，从而与氮负离子形成的键较弱，可以被吸收的能量打开，并且铂离子可以充当中继的作用，促进自旋轨道耦合，所以可以得到比较弱的波长红移的磷光发射。当铕离子和铽离子与 β-二酮类配体形成配合物后，碳氧键异裂后形成的氧负离子上的孤对电子可以通过与 f 轨道形成极弱的配位键得以减少轨道自旋角动量，氧负离子上多余的孤对电子就可以被拆开激发到 f 轨道上，进而发生原子内的光谱项之间的跃迁发射线谱。而 Euq$_3$ 中的氮负离子在与 f 轨道配位后，就缺少可被激发的打开共价键的孤对电子从而发光非常弱。同样的原理适合 Al(dbm)$_3$ 的发光解释。在 Al(dbm)$_3$ 中，铝离子由于拿不出足够的可供配位的空轨道，碳氧键异裂后的氧负离子难以被固定，轨道自旋角动量增大，室温溶液中发光被猝灭，无法得到像 Alq$_3$ 那样的强荧光。在 Ir(ppy)$_3$ 中，碳氮键异裂后得到的氮负离子可以与含有 d 轨道成分的金属离子杂化轨道形成比较弱的配位键，但是，这种弱配位键由于 d 轨道的高周期性而容易被吸收能量打开，从而在此键未断彼键将断未断之时，进行分子间的铱离子中继的电子转移，得到强磷光。由于电子进入金属轨道，此时若金属离子有适当的可见光能级间隙，有可能得到线谱发射。

7.16　均苯四甲酸二酐

均苯四甲酸二酐经多次升华后，用紫外灯照射，可以发强绿光。这种绿色发光经测试是长寿命的磷光。这是怎样的发光机制呢？

用紫外灯照射肉眼观察不到发光的均苯四甲酸二酐和上述发强绿光的均苯四甲酸二酐经升华后都可以得到单晶。测试其单晶结构，发现没有太大不同，仅碳氧键长有较明显差别（图7.92）。

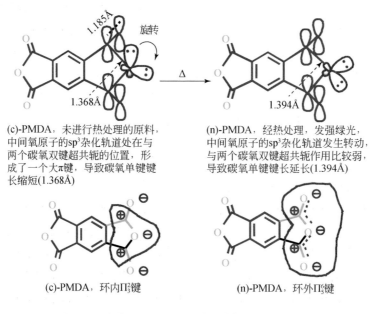

(c)-PMDA，未进行热处理的原料，中间氧原子的sp³杂化轨道处在与两个碳氧双键超共轭的位置，形成了一个大π键，导致碳氧单键键长缩短(1.368Å)

(n)-PMDA，经热处理，发强绿光，中间氧原子的sp³杂化轨道发生转动，与两个碳氧双键超共轭作用比较弱，导致碳氧单键键长延长(1.394Å)

(c)-PMDA，环内Π_3^2键

(n)-PMDA，环外Π_5^6键

图7.92　均苯四甲酸二酐的单晶结构影响了发光机制

在不发光的单晶结构中，根据键长的比较推断，在（c）-PMDA 中，中间氧原子上的 sp^2 杂化的氧原子上的孤对电子与两个碳氧双键有较强的超共轭作用，导致碳氧双键异裂后氧负离子上的孤对电子主要与两个碳正离子共轭，形成了 Π_3^2 键，具有强的准芳香性，起到了稳定碳正离子的作用。但是两个碳负离子没有参与共轭，从而碳负离子的轨道自旋角动量大，不容易守恒，发光不强烈。在（n）-PMDA 中，中间氧原子采取 sp^3 杂化但与两个碳氧双键的超共轭程度减弱。碳氧双键异裂后，中间氧原子可以独特的角度与两个碳正离子和两个碳负离子

共轭，组成一个 Π_5^6 键，具有弱的准芳香性，从而使该氧原子与两个碳氧双键上的氧原子因为共振而无法分辨。也可以这样理解，碳氧双键上的氧负离子上的孤对电子在与两个碳正离子和中间氧原子的孤对电子的共轭中得到了稳定，轨道自旋角动量减小，有利于发生伴随自旋轨道耦合的分子间电子转移，产生强磷光。在 (c) - PMDA 中，中间氧原子与羰基氧原子区别明显，不参与共振。

如图 7.93 所示，(n) 型均苯四甲酸二酐的单晶的寿命衰减非常长，达到了毫秒级，没有短寿命成分，说明磷光是从 sp^3 杂化的氧负离子发生并伴随自旋轨道耦合的电子转移产生的。

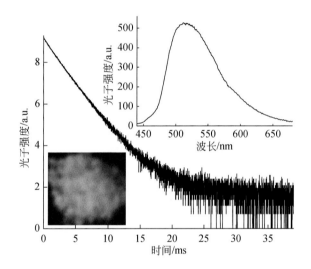

图 7.93　　(n) 型均苯四甲酸二酐的单晶在室温下用 310nm 波长的光激发、在 520nm 波长监测得到的寿命衰减曲线（插图：晶体的磷光照片和发光光谱）

7.17　苯并呋喃二酮

将均苯四甲酸二酐中不同侧的两个羰基还原，可以得到苯并呋喃二酮。如图 7.94 所示，当均苯四甲酸二酐中的不同侧两个羰基被还原后，得到的脂类就失去了苯四甲酸二酐中的 Π_5^6 键，即三个氧原子的共振结构，得到的发光寿命非常短。这再次证实了 π-BET 理论的神奇和强大。

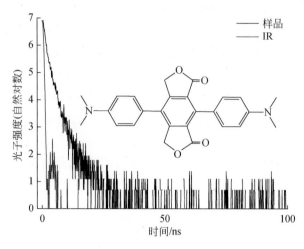

图 7.94　苯并呋喃二酮固体粉末用 380nm 波长的光激发、在 600nm 波长监测
得到的寿命衰减曲线

7.18　溴效应——溴代苯并呋喃二酮

奇妙的是，当苯并呋喃二酮接上溴原子后，能得到超长寿命的发光（图 7.95）。

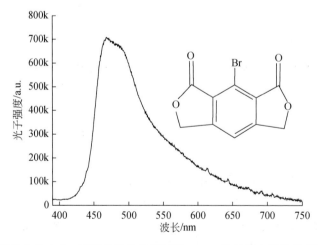

图 7.95　溴代苯并呋喃二酮固体粉末室温下用 370nm 波长的光激发得到的发射光谱

如图 7.96 所示，溴代苯并呋喃二酮固体粉末具有超长的磷光寿命，而且没有短寿命的荧光成分。

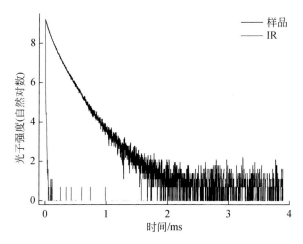

图 7.96　溴代苯并呋喃二酮固体粉末室温下用 370nm 波长的光激发、在 470nm 波长监测得到的寿命衰减曲线

图 7.97 是推测的溴代苯并呋喃二酮的发光机制。溴原子由于有比较大的体积，三对孤对电子中的一对可以通过超共轭效应提供部分电子给碳氧双键异裂后的碳正离子的 p 轨道。这样溴原子也就带有部分正电荷，从而可以接受碳氧键异裂后的氧负离子上的孤对电子，起到稳定氧负离子的作用。这样大大减小了氧负离子的轨道自旋角动量，增强了分子间伴随自旋轨道耦合的电子传递，增强了磷光（本书称其"溴原子效应"）。

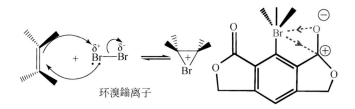

图 7.97　溴代苯并呋喃二酮的发光机制

7.19　高效电致磷光材料——溴代苯并呋喃酮类化合物

如图 7.98 所示，溴代苯并呋喃酮类(4- bromo- 8- [4- (dimethylamino) phenyl]-

3,3,5,5-tetraphenyl-1H,3H-benzo[1,2-c:4,5-c′]difuran-1,7(5H)-dione,BDDO）化合物在室温条件下无论是未除氧的液体还是固体粉末都得到了长寿命的磷光衰减，没有短寿命的荧光成分，不能解释为延迟发光，是很好的纯有机磷光材料。

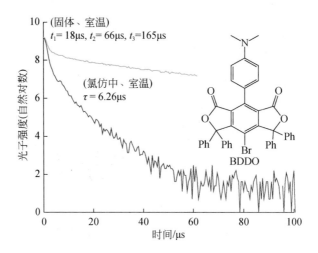

图 7.98　BDDO 作为固体粉末和溶于氯仿中（未除氧）室温条件下用 380nm 波长的光
激发、在 530nm 波长监测得到的寿命衰减曲线

如图 7.99 所示，BDDO 在低温、室温及固体粉末室温的发射光谱和电致磷光光谱基本一致，进一步验证了其发光为长寿命磷光性质。

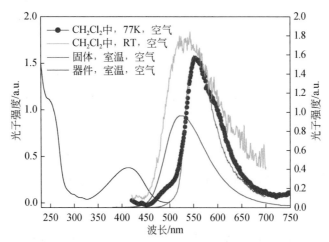

图 7.99　BDDO 在二氯甲烷中的吸收光谱和在二氯甲烷中未除氧状态下分别在 77K、
室温与固体粉末室温的发射光谱以及电致磷光光谱

如图 7.100 所示，BDDO 作为电致磷光材料，制备的器件的电流效率非常高，可以达到 35cd/A。

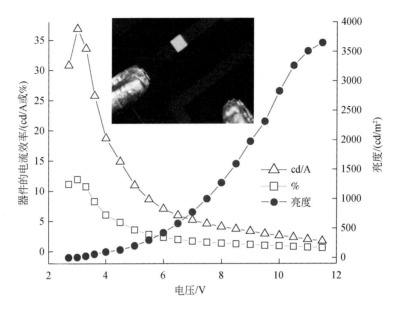

图 7.100　以 BDDO 为发光层的器件效率和亮度对电压的曲线。插图：器件的实物点亮照片。结构为：ITO/HAT-CN（12nm）/NPB（12nm）/EPH-36（6nm）/EPH-31：5% BDDO（20nm）/EPH-31（15nm）/TPBI（30nm）/Liq₃（1nm）/Al。HAT-CN 为 2,3,6,7,10,11-六氰基-1,4,5,8,9,11-六氮杂苯并菲。EPH-31/EPH-36 为中国台湾省 e-Ray 光电技术公司提供的电子传输材料

但是 BDDO 作为高效磷光材料，其磷光发光机制不能完全归结为分子内"溴原子效应"。因为溴原子离羰基太远，不能有效共轭。但可能有分子间的"溴原子效应"，溴原子的作用，推测另有可能是因其高核电荷数对经过的电子转移可以促进自旋轨道耦合。第三种机理推测为类似于均苯二甲酸二酐的机制。这种机制并不存在于普通的如 7.17 小节所述的苯并呋喃二酮中，因为普通的苯并呋喃二酮没有接入四个苯基而带来强大的位阻效应（图 7.101）。总之，BDDO 于 2015 年就已经被合成出来，上述数据都是 2015 年所做的实验结果，申请了专利。

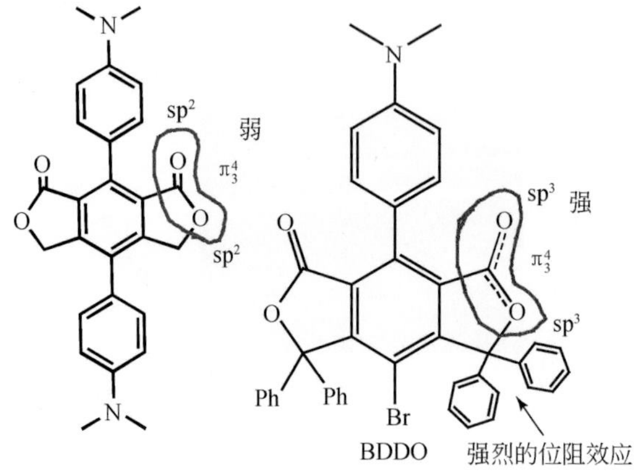

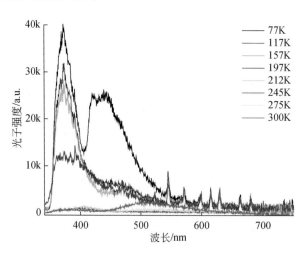

图 7.101　BDDO 产生磷光的可能机制

7.20　单分子白光——芳胺连接蒽醌

　　三苯胺是有机电致发光空穴材料 TPD、NPB 和树枝状芳胺的结构单元，通常被认为是荧光材料。

　　如图 7.102 所示，三苯胺的发光受温度影响很大。温度升高，发光强度下降，特别是高能量的蓝光部分。

图 7.102　三苯胺溶于氯仿（5.3×10^{-4} mol/L）中除氧后用 320nm 波长的光激发得到的不同温度下的发射光谱

如图 7.103 所示，用 380nm 波长的光激发，三苯胺的蓝光是短寿命的荧光。

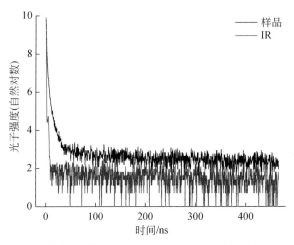

图 7.103　三苯胺溶于氯仿中除氧后 77K 下用 380nm 波长的光激发、在 445nm 波长
监测得到的寿命衰减曲线

作为白光材料的另一结构单元，蒽醌在 20 世纪 70 年代曾被当做热激励的延迟发光材料来研究[23]。但是，本书作者的实验不支持热致延迟发光。在除氧氯仿中从 77K 到 298K，发射强度随温度升高而降低——不论这种成分是荧光性质的还是磷光性质的。

如图 7.104 所示，蒽醌的发光受温度影响很大。温度升高，发光强度下降。值得注意的是，蒽醌的发射光谱几乎覆盖了整个可见光部分。

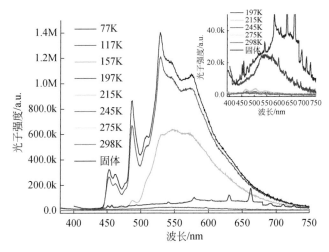

图 7.104　蒽醌在除氧氯仿 (5.3×10^{-4}mol/L) 中用 350nm 波长的光激发在不同温度下
以及固体粉末在室温下得到的发射光谱

　　如图 7.105 所示，蒽醌在低温下的除氧溶液中，主要是长寿命的磷光成分，并含有部分荧光成分，这从前级指数衰减寿命很短就能看出来。

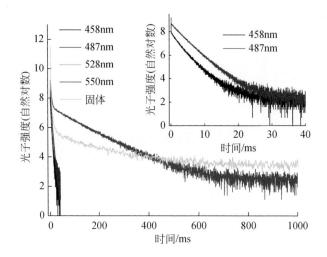

图 7.105　蒽醌在除氧氯仿（5.3×10^{-4} mol/L）中 77K 下用 350nm 波长的光激发得到的寿命衰减曲线

　　如图 7.106 所示，蒽醌在低温下的除氧溶液中，长寿命的磷光衰减受温度影响非常大。

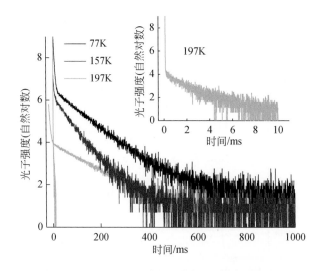

图 7.106　蒽醌在除氧氯仿（5.3×10^{-4} mol/L）中不同温度下用 350nm 波长的光激发、在 528nm 波长监测得到的寿命衰减曲线

如图 7.107 所示, 蒽醌在氯仿熔化后的寿命衰减主要是短寿命的, 显示此时碳氧双键异裂后产生的氧孤对电子的轨道自旋角动量已经非常大了。

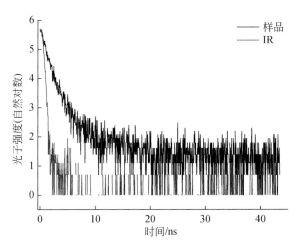

图 7.107 蒽醌在除氧氯仿 (5.3×10^{-4} mol/L) 中 215K 下用 380nm 波长的光激发、在 466nm 波长监测得到的寿命衰减曲线

综合图 7.102、图 7.104 和图 7.108, CPA 的三苯胺基团可以发蓝色荧光 (图 7.109), 蒽醌基团可以发黄色荧光与磷光的混合光, 把 CPA 作为发光层, 本书作者组装了电致发光器件, 得到了白光发射 (图 7.110 ~ 图 7.112)。

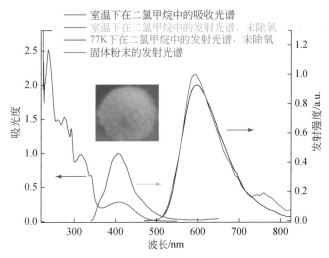

图 7.108 CPA 在二氯甲烷中的吸收光谱和发射光谱以及固体粉末的发射光谱。CPA 在室温下二氯甲烷中的发射光谱用 315nm 波长的光激发; 在 77K 的发射光谱用 365nm 波长的光激发。

插图: 在紫外光下照射发荧光的固体粉末图片

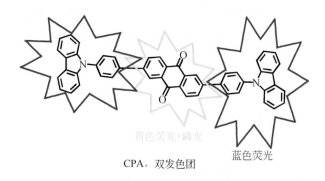

图 7.109　将三苯胺与蒽醌连接起来的分子结构式，简称 CPA。CPA 分子的双发色团效应，三苯胺为蓝色荧光发色团，蒽醌为黄光兼具荧光与磷光的发色团，最后得到了单分子白光

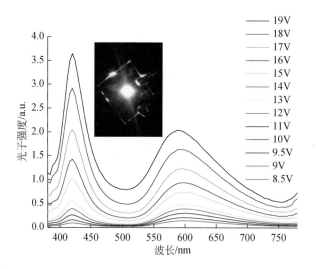

图 7.110　以 CPA 为发光层组装的电致发光器件光谱，插图：器件发光照片。器件结构 ITO/2T-NATA(5nm)/NPB(15nm)/TCTA(30nm)/CPA(20nm)/TPBI(40nm)/LiF(0.3nm)/Al。其中 ITO 为阳极，2T-NATA 是 4,4′,4″-三（2-萘基苯基氨基）三苯胺，为空穴注入层；NPB 是 [N,N′-双-(1-萘基)-N,N′-二苯基-1,1′-联苯-4,4′-二胺]，为空穴传输层；TCTA 是 4,4′,4″-三（N-咔唑）-三苯胺；TPBI 是 1,3,5-三（1-苯基 1H-苯并咪唑-2-基)苯，为空穴阻挡层

在表 7.2 中，c_i、ϕ_i 和 $<\tau>$ 分别是根据指数衰减表达式 $R(t) = A + \sum_{i=1}^{4} B_i e^{-t/\tau_i}$ 所求的相对浓度、相对发光强度和整个衰减过程的平均寿命。例如，$c_2 = B_2/(B_1+B_2+B_3+B_4)$、$\phi_2 = B_2\tau_2/(B_1\tau_1+B_2\tau_2+B_3\tau_3+B_4\tau_4)$、$<\tau> = (B_1\tau_1^2+B_2\tau_2^2+B_3\tau_3^2+$

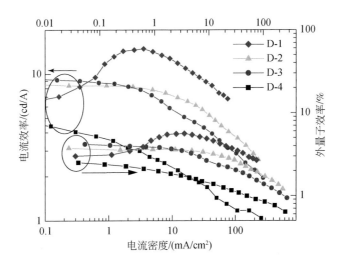

图 7.111　器件的电流效率和外量子效率对电流密度作图（D-1/D-4 分别代表 CPA 浓度
为 10%、20%、50%、100%）

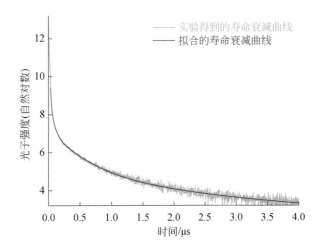

图 7.112　CPA 固体粉末在室温下用 380nm 波长的光激发、在 520nm 波长监测
得到的寿命衰减曲线

$B_4\tau_4^2)/(B_1\tau_1+B_2\tau_2+B_3\tau_3+B_4\tau_4)$

　　根据表 7.2，CPA 在室温溶液中，主要是发短寿命的蓝色荧光，为三苯胺基
团所主导。在低温溶液中和固体状态下，发光红移，并且长寿命的磷光成分增
大，为蒽醌基团所主导。

表 7.2　CPA 在二氯甲烷（1）中、固体（s）粉末状态在室温和 77K 下不同
波长的光激发测得的四级寿命衰减值

λ/nm	τ_1/ns	τ_2/ns	$\tau_3/\mu s$	$\tau_4/\mu s$	$c_{3+4}/\%$	$\phi_{3+4}/\%$	$<\tau>/\mu s$
$520^{s,rt}$	10.8	52.07	0.324	1.48	6.89	65	0.555
$540^{s,rt}$	11.8	46.2	0.344	1.58	4.75	58	0.557
$600^{s,rt}$	16.9	43.78	0.440	2.00	2.25	47	0.749
$640^{s,rt}$	17.8	45.3	0.496	2.17	2.14	50	0.876
$680^{s,rt}$	18.7	47.48	0.510	2.26	2.26	52	0.976
$520^{l,77K}$	16.7	69.7	0.385	2.62	4.33	56	0.973
$540^{l,77K}$	16.4	74.8	0.508	1.98	1.28	29	0.426
$600^{l,77K}$	23.3	79.5	0.205	5.60	3.55	31	0.343
$600^{l,77K}$	27.7	84.5	0.226	5.79	2.60	29	0.413
$680^{l,77K}$	33.0	90.5	0.294	5.31	1.54	26	0.263
$410^{l,RT}$	3.56	9.23	0.013	0.779	0.02 (c_4)	1.37 (ϕ_4)	0.020
$450^{l,RT}$	4.68	10.26	0.016	0.351	0.01 (c_4)	0.55 (ϕ_4)	0.012
$480^{l,RT}$	10.5	34.1	0.111	2.50	0.01 (c_4)	0.69 (ϕ_4)	0.013

　　总之，将三苯胺和蒽醌连接成一个分子后，得到了由两个发光基团控制的单
分子白光。这种光有短寿命的荧光成分，也有长寿命的磷光成分。其发光光谱覆
盖范围如此之宽和寿命成分如此复杂，都不是 MOJab 理论所能解释，因为 MOJab
理论仅用能级图来解释发光，且能级图非常单一简化。

参 考 文 献

[1] Gong X, et al. Phosphorescence from iridium complexes doped into polymer blends. J. Appl. Phys., 2004, 95: 948-953.

[2] Glimsdal E, Carlsson M, Lindgren M, et al. Excited states and two-photon absorption of some novel thiophenyl Pt（Ⅱ）-ethynyl derivatives. J. Phys. Chem. A, 2007, 111: 244-250.

[3] Lindgren M, et al. Electronic states and phosphorescence of dendron functionalized platinum（Ⅱ）acetylides. J. Lumin, 2007, 124: 302-310.

[4] Operating instructions of F 900, Edinburgh instruments, Issue 1, Dec. 2000.

[5] Woker G J. On the theory of fluorescence. Phys. Chem., 1906, 10: 370-391.

[6] McDowell L S. The fluorescence and absorption of anthracene. Phys. Rev., 1906, 26: 155-169.

［7］ Bowen E J, Mikiewicz E. Fluorescence of solid anthracence. Nature, 1947, 159: 706.

［8］ Lewis G N, Kasha M. Phosphorescence and the triplet state. J. Am. Chem. Soc. , 1944, 66: 2100-2116.

［9］ Pope M, Kallmann H P, Magnante P. Electroluminescence in organic crystals. J. Chem. Phys. , 1963, 38: 2042-2043.

［10］ Turro N J. Modern Molecular Photochemistry. Sausalito, California: University Science Books, 1991, 93-96.

［11］ Kalinowski J, Godlewski J, Dreger Z. High- field recombination electroluminescence in vacuum-deposited anthracene and doped anthracene films. Appl. Phys. A: Mat. Science & Processing, 1985, 37: 179-186.

［12］ Ho M H, Balaganesan B, Chen C H. Blue fluorescence and bipolar transport materials based on anthracene and their application in OLEDs. Isr. J. Chem. , 2012, 52: 484-495.

［13］ Jones P F, Callowway A R. Temperature effects on the intramolecular decay of the lowest triplet state of benzophenone. Chem. Phys. Lett. , 1971, 10: 438-443.

［14］ Saltiel J, Curtis H C, Metts L, et al. Delayed fluorescence and phosphorescence of aromatic ketones in solution. J. Am. Chem. Soc. , 1970, 92: 410-411.

［15］ 陈国珍, 黄贤智, 郑朱梓, 等. 荧光分析法. 2 版. 北京: 科学出版社, 1990.

［16］ Guilbault G G. Practical fluorescence. New York: Marcel Dekker, 1973.

［17］ Brinkmann M, Gadret G N, Sironi A, et al. Correlation between molecular packing and optical properties in different crystalline polymorphs and amorphous thin films of *mer*- tris (8- hydroxyquinoline) aluminum (Ⅲ) . J. Am. Chem. Soc. , 2000, 122: 5147-5157.

［18］ Yang C J, Yi C, Xu M, et al. Red to near- infrared electrophosphorescence from a platinum complex coordinated with 8-hydroxyquinoline. Appl. Phys. Lett. , 2006, 89: 233506.

［19］ Liu J, Yang C J, Cao Q Y, et al. Synthesis, crystallography , phosphorescence of platinum complexes coordinated with 2- phenylpyridine and a series of b- diketones. Inorg. Chim. Acta, 2009, 362: 575.

［20］ Li Z M, Yu L M, Yuan J S, et al. 8- Hydroxy quinoline derivatives as auxiliary ligands for red- emitting cyclic- platinum. Helv. Chim. Acta, 2017, 100: e1600308.

［21］ 高希存, 魏滨, 吴志平, 等. 有机化合物中磷光产生的方法: 201510745802. X. 2015- 11-06.

［22］ 高希存. 一种单分子能发白光的有机化合物: 2023109166073. 2023-07-25.

［23］ Carlson S A, Hercules D M. Delayed thermal fluorescence of anthraquinone in solutions. J. Am. Chem. Soc. , 1971, 93: 5611-5616.

第8章　无机化合物的发光机制
与光伏、半导体材料机理展望

8.1　无机化合物中的化学键

无机化合物虽然在总体数量上大大少于有机物，但是其用于发光材料的历史悠久、比有机化合物更耐热因而稳定性更高。通过掺杂，可以大大增加无机化合物的种类和数量，改善其发光性能。

有机化合物主要是指含碳元素的化合物或碳氢化合物及其衍生物。无机化合物可以定义为不含碳的化合物（但包括碳化物、CO、CO_2、碳酸盐、氰化物等）。由于碳原子的鲍林电负性为 2.25，与最高的氟原子 3.98 相比和最低的铯原子 0.79 比，属于适中。所以，有机物中碳原子与其他原子形成的键主要是共价键，也就是成键原子的电负性差值比较小，不容易电离。而离子键主要是因为成键原子之间电负性差值比较大，原子容易得到和失去电子形成阴阳离子，依靠这种正负离子之间的静电引力形成。那么，是不是所有的无机化合物都以离子键形式成键呢？非也。近代实验表明，即使电负性最小的铯与电负性最大的氟形成的最典型离子型化合物中，键的离子性也不是百分之百的，而只有约92%的离子性。也就是说，它们离子间也不是纯粹的静电作用，而仍有部分原子轨道的重叠，即正负离子间的键仍有8%的共价性。通常，可以采用鲍林的离子性百分数与电负性差值对照表来初步估算无机化合物中键的离子性百分比[1]。在氯化钠中，氯的鲍林电负性为 3.16，钠的电负性为 0.93，两原子的电负性差值为 2.23，其键的离子性约为 71%。氯化钠易溶于水。是典型的离子键。溶解的定义就是溶质分子（或离子）和溶剂（水）分子相互作用，形成溶剂（水合）分子（或离子）的过程。由于水分子具有极性，根据相似相溶原理，当氯化钠溶解时，其钠离子和氯离子解离，被水分子包围，形成水合离子。

在氮化镓中，氮的鲍林电负性为 3.04，镓的电负性为 1.81，其电负性差值为 1.23，那么氮化镓中键的离子性仅约为 31%，也就是说其有 69% 的共价性。

其键的形成过程可以用图 8.1 来说明。

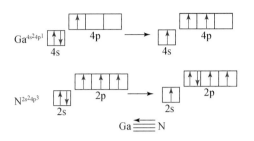

图 8.1　氮化镓中键的形成

在图 8.1 中，镓在形成氮化镓时，其 4s 轨道上的一个电子被激发到 4p 轨道，从而得到一个 4s 单电子和两个 4p 单电子。但是 4s 上的这个单电子和 4p 上的两个单电子并不进行杂化，而是直接与氮原子上相应的单电子成键。也就是氮上的一个 2s 电子被激发到 2p 轨道，从而 2p 轨道上拥有一对孤对电子和两个单电子。氮上两个 2p 轨道上的单电子与镓上的两个 4p 轨道两个单电子形成两个 π 键。氮上 2s 轨道上的一个单电子与镓上的 4s 轨道上的一个单电子形成一个 σ 键。氮上 2p 轨道上的孤对电子则与镓上的一个 4p 空轨道形成反馈 π 键。综上，氮化镓上有四个键，其虽为共价键，但结合得非常牢固，分子之间的作用力相当大，熔沸点相当高，具有无机化合物的典型特征。2014 年，诺贝尔物理学奖颁发给了发明主要以氮化镓为材料的蓝光发光二极管的三名日本科研人员。

在 ZnS 中，锌的鲍林电负性为 1.65，硫的电负性为 2.58，两原子的电负性差仅为 0.93，根据鲍林的价键理论，ZnS 中的硫锌键的离子性成分仅为约 14%，也就是说，硫化锌中硫原子和锌原子大部分以共价键相结合。

此外，许多无机物荧光粉都含有氧化物，例如 $MgWO_3：W$、$(Sr，Mg)_3(PO_4)_2：Sn$、$Zn_2SiO_4：Mn$、$CaTiO_3$ 等，都含有包括氧原子的双键。

8.2　无机化合物的发光机制

无机化合物的发光机制传统上用能量激发基质中的发光中心（或称为激活剂），发光中心从激发态跃迁回到基态来解释 [图 8.2(a)、(b)]。也可用能带理论即电子穿越导带和价带之间的禁带与空穴复合而发光来解释无机半导体发光二极管的机制 [图 8.2 (c)]。图 8.2 (b) 和 (c) 其实是一个道理。也与有机化合物中的 MO 理论类似。一对电子被拆开，激发上去，那么基态必然少了一个电子，因而也就可以称为基态有空穴了。电子必然被激发到反键轨道，反键轨道在未激发电子上去之前必然是空的，允许电子迁移，因而是导带。这和有机化合物中的 HOMO 和 LUMO 能级类似。

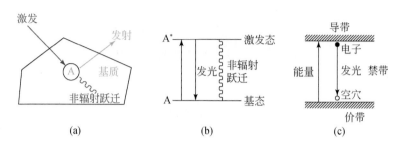

图 8.2　无机化合物的发光机制

　　稍有不同的是图 8.2（a）。该机制认为，无机发光材料中的被激发的电子来自于激活剂，也就是发光中心，而非基质。

　　但是针对图 8.2，会产生如下疑问：

　　①如第 6 章对有机化合物的同一问题，在无机化合物中是否存在单一的分子能级？这种多原子分子再加上掺杂离子等，在量子力学计算上非常复杂以致难以被精确计算。

　　②激活剂离子一般都是金属离子，例如第一主族、第二主族、第三主族和第四主族的金属离子以及第二副族、第三副族、第四副族金属离子与 La^{3+}、Gd^{3+}、Lu^{3+} 等，这些金属离子已经缺少了价电子，因而带有较高正电荷，剩余的都是内层电子，原子核对内层电子的束缚力很大，它们中的内层电子若被激发，需要极高的能量，例如 X 射线。即使如 Sn^{2+}、Pb^{2+}、Mn^{2+} 等，是价电子被激发，再跃迁回到基态，也应该得到窄带的原子光谱。但实际上，无机化合物的发射均是宽带的分子光谱。

　　③基质在发光过程中是否起到了关键作用？其与激活剂离子的关系如何？

　　④无机化合物中磷光到底是怎么产生的？轨道角动量和自旋角动量是怎么得以守恒的？

　　本书作者认为，有机化合物中关于荧光和磷光产生的机制的 π-BET 理论同样适合于无机化合物。因为任何一种物质作为发光材料，其中吸收能量被激发后跃迁辐射发光的电子都不是凭空而来的。必须要找到这个电子的真正起源。

　　这个电子不可能来自于掺杂的阳离子的原因如下：

①如果掺杂的阳离子是已经没有外层价电子的高价态的，例如 Cs^+、Sr^{2+}、Zn^{2+}、Ga^{3+}、La^{3+}、Y^{3+}、Lu^{3+} 等，那么该金属阳离子已经没有价电子可以被激发，必然是内层电子被激发，而激发内层电子却需要超高的能量，不是普通的紫外光或者电能所能达到的。而且内层电子之间的跃迁必然产生的是原子光谱，是线状光谱，不是分子光谱所具有的宽谱。

②如果掺杂的阳离子处于中间价态，例如 Sn^{2+}、Pb^{2+}、Eu^{2+}、Mn^{2+}、Ce^{3+} 等，那么这个电子又向何处去呢？如果发生的是分子内电子转移，那么电子被激发必然导致阳离子首先失去一个电子被氧化，到达更高的价态，然后接受一个电子被还原（图 8.3）。

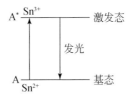

图 8.3　无机化合物中假设发光中心为金属阳离子的可能发光机制

在图 8.3 中，并不是 Sn^{3+} 这种价态的金属离子在日常实践中没有被发现过，毕竟激发态是瞬间的、目前的科学仪器还难以捕捉和鉴别，因而也是可以理解的能瞬间存在。图 8.3 不可接受的地方在于：既然 Sn^{3+} 是激发态，是可以达到的，那么为什么不再进一步失去一个电子，而达到 Sn^{4+}？但是 Sn^{4+} 是常见的稳定态，又与激发态这种不稳定态的概念相悖。此外，金属价电子之间的激发和跃迁，得到的发射光谱也应该是窄带谱。因为本质上，根据富兰克–康顿原理，分子内的以单个原子为中心的激发和跃迁其始态和终态的波函数必然非常相似，因而得到的也必然是原子光谱。

综上，无机化合物的发光中心，应该是在非金属激发态负离子上。图 8.4 以 $CsPbBr_3$ 为例，应用 π-BET 理论来解释其发光。在 $CsPbBr_3$ 中，溴的鲍林电负性为 2.96，铅的电负性为 1.87，因此铅溴键的离子键成分约为 26%，共价键成分约为 74%。

在图 8.4 中，$CsPbBr_3$ 分子吸收能量，Pb—Br 键处于将断未断，溴与掺杂离子处于形成的新键将形成未形成的状态（也就是有机化合物中的准激发态）。因此，掺杂的离子的作用一是在能量的作用下削弱无机化合物原有的金属—非金属键，形成类似于有机化合物中的双键，二是稳定激发态负离子。因此，掺杂离子

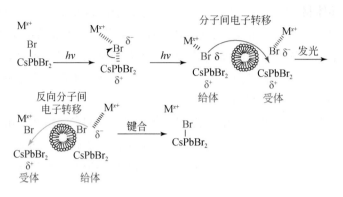

图 8.4　$CsPbBr_3$ 中以溴原子和铅原子为发光中心的发光机制

对分子的激发态势能产生很大影响，从而影响发光颜色和其他性能。分子继续吸收能量，此时铅溴键将完全断裂，铅原子上的电子转移到溴原子上，溴原子变成溴负离子，铅原子变成铅正离子。接着，溴负离子上的孤对电子容易被激发。也就是说，分子继续吸收能量，将溴负离子上的孤对电子拆开，将其中一个电子进行分子间电子转移到某一个受体 $CsPbBr_3$ 中的铅正离子上，从而受体铅正离子将带有一个单电子，给体溴负离子也将失去一个电子并剩余一个电子。这时，溴负离子与掺杂离子形成的键也断开了。然后，原来的给体分子变成受体分子，原来的受体分子变成给体分子。原来受体分子上的溴负离子自动进行分子间电子转移给原来的给体分子铅正离子，得到发光。同时，铅正离子和溴负离子上的单电子将重新结合成键，分子恢复原状也就是到达基态。

8.3　展　　望

有机化合物和无机物化合物本来就没有本质而严格的区别，因而二者的研究存在相互借鉴、学习、补充的地方。科研人员尽管工作在不同的地域，但均处于信息时代。展望未来，统一的、清晰的、与分子结构紧密联系的无机化合物与有机化合物通用的也就是"物质"的荧光和磷光发光机制将很快得到完善，π-BET 理论将在其中发挥更大的作用。

以此来推论，在光伏材料中，是光子作用于材料产生电流的过程，可以看作能量作用于材料产生光的逆过程。同样也可以认为，能量作用于材料后，导致其中的共价键断裂，产生电子转移，只不过光伏材料的设计目的应该是不让分离后的电子再结合产生光，而是尽量使电子转移到达对应的电极。从上述图 8.4 的分析可知，半导体材料理论中的能带等概念也需要进一步完善。总之，π-BET 理论将在更广泛的材料学和微电子学领域发挥关键的作用。

参 考 文 献

［1］ Pauling L, Pauling P. 化学 . 戴乾圜，杨维荣，邓淦泉，译 . 北京：科学出版社，1982.